KB240261

사탕보다 달콤한
키스 스킬

KISU KYOHON SHINSOBAN
by SEI KODO KENKYUKAI

Copyright © 2013 SEI KODO KENKYUKAI
All rights reserved.
Originally published in Japan by DATA HOUSE, Tokyo.
Korean translation rights arranged with DATA HOUSE, Japan
through THE SAKAI AGENCY and Eric Yang Agency.

이 책의 한국어판 저작권은 Eric Yang Agency를 통한 저작권자와의 독점 계약으로 비전 B&P에 있습니다.
저작권법에 의하여 한국 내에서 보호를 받는 저작물이므로 전재와 무단복제를 금합니다.

성행동연구회 지음 | 이 솔 옮김

일러스트로 배우는
연애고수만 아는 키스 잘하는 법 37

사 탕 보 다 달 콤 한

Kiss...

키스
스킬

CONTENTS

 Chapter _ 01 소프트 키스

Chapter _ 02 딥 키스

 Chapter _ 03 통통 튀는 다이나믹 키스

 Chapter _ 04 울트라 딥 키스

Chapter_01

소프트 키스

모든 키스는
여기에서 **시작된다**

정면으로 마주했다면 서로 입술을 다물고, 천천히 얼굴을 가까이 대면서 다문 입술과 입술을 겹친다. 가장 전통적인 키스의 기본형. 얼굴을 가까이 대면서 각자에게 같은 방향으로(상대의 오른쪽 = 본인의 왼쪽, 상대의 왼쪽 = 본인의 오른쪽) 고개를 갸우뚱하도록 머리를 가볍게 기울이고(각도는 20~30도), 동시에 눈을 감는다. 즉, ①얼굴을 가까이 한다. ②고개를 기울인다. (크로스시킨다) ③눈을 감는다. 이와 같은 세 가지의 움직임을 일치시키면서 진행한다.

이 키스가 목표로 하는 것은 입술의 온기와 입김을 가까운 거리에서 느끼는 것이지 입술을 애무하는 것이 아니다. 그러기 위해서 입술끼리 닿았을 때 너무 강하게 누르지 말고 입술 모양이 눌려 찌그러지지 않는 적당한 위치에서 다가가는 것을 멈춘 후, 그대로 움직임을 멈춘다. 목이나 입술을 포함한 몸에 무리가 가지 않기 때문에, 움직임 없이 오랜 시간 하는 '긴 시간 키스'에 적당하다.

부드러운 느낌의 키스이므로 눈을 뜬 채로 하는 것은 좋지 않지만, 동작을 하기 전이나 마주 대하는 시점에서 갑자기 눈을 감아버리면 서로 상대의 입술 위치가 확인되지 않아 입술을 겹치는데 어려움이 생긴다. 따라서 천천히 서로 얼굴을 가까이 하면서 얼굴의 위치를 가늠한 후, 그대로 얼굴을 앞으로 내밀어 입술끼리 맞닿는 위치가 될 때까지 가볍게 눈을 뜨고 있는 것이 좋다.

동작을 시작하기 직전이나 얼굴을 가까이 할 때에 누가 리드하고 누가 리드 받는지는 서로 순간적으로 판단한다. 리드하는 쪽이 서로의 입술이 닿는 바로 전까지 실눈을 떠서 접촉 위치를 계속 조정하는 방법도 있다. 이 경우, 리드 받는 쪽은 일찌감치 눈을 감아 완전히 수동의 자세가 되는 것을 어필하면 분위기가 고조될 뿐만 아니라, 리드하는 쪽에게 자각시키는 효과도 있다.

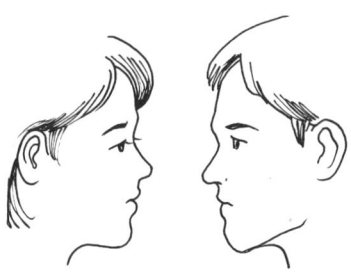

그림 1

입술을 자연스럽게 다문 상태에서 정면으로 마주하고, 천천히 얼굴을 가까이 한다.

그림 2

가까이 하면서 서로 같은 방향으로 가볍게 고개를 기울인다(크로스시킨다).

그림 3

① 눈을 감으면서

② 고개를 기울이고

③ 얼굴을 가까이 대며 키스를 완성

위의 삼박자가 딱 맞아 떨어지면 옆에서 다른 사람들이 보아도 아름다운 키스가 된다.

그림 4

위에서 내려다본 모습은 이러하다. 고개를 기울이는 것은 서로의 코가 부딪히지 않도록 하기 위함이다. 그림과 같이 옆으로 기울인다.

언젠가는 그를 미워하게 될 것이라 생각하며 그를 사랑하라.
언젠가는 그를 사랑하게 될 것이라 생각하며 그를 미워하라.

- 몽테뉴

가볍고 산뜻하게
처음 하는 사람에게도
저항감은 적게

몸을 밀착시키지 말고 적어도 40센티 이상 거리를 둔 위치에서 정면으로 바라본다. 몸을 살짝 숙이고 얼굴을 내밀며 서로의 다문 입술을 겹친다. 고개는 기울이지 않고 얼굴은 정면 그대로 하여 될 수 있는 한 다른 부위는 닿지 않게 (얼굴이나 머리 뒤에 손을 대지 않는다)하고 입술만 맞추어 본다.

예전 젊은이들의 청춘물이나 학원물에서 순결을 지키는 주인공이 종종 하던 스타일.

14

①거리를 두고 정면으로 본다 → ②입을 다문 상태로 → ③서 있는 그 자리에서 눈을 감으면서 → ④얼굴만 가까이 다가간다 → ⑤입술만 닿게 한다

이러한 흐름이다.

서로 정면을 바라본 채 고개를 기울이지 않기 때문에 코가 방해가 되기 쉽지만, 그런 경우에는 턱을 위로 조금 올리면 코가 부딪히는 것을 피할 수 있다. 서 있는 위치가 떨어져 있을수록 키스를 할 때 몸을 굽히는 각도가 커지게 되고, 각도가 커질수록 자연히 턱을 높게 들어 올리므로 서 있는 위치가 안정감을 잃게 된다. 하지만 키스를 할 때는 서 있는 위치를 옮기고 싶거나 발을 내딛고 싶어도 움직이지 말고, 위치가 바뀌지 않도록 양다리에 힘을 주어 힘껏 버틴다.

입술을 약간 앞으로 내미는 것만으로도 코가 부딪히는 것은 피할 수 있다. 이때 입술을 오므려서 둥글게 하지 말고 그냥 자연스럽게 다문 형태로 두는 것이 매력적으로 보인다.

이 키스는 〈크로스 키스〉보다 밀착도도 낮고, 또 가볍게 앞으로 기울이거나 턱을 조금 올리는 포즈를 취하기 때문에 목 근육 등에 부담을 주어 '긴 시간 키스'에도 적합하지 않다. 하지만 반대로 그 때문에 키스에 대해 저항감이나 거부감을 갖고 있는 키스 초보자가 시도하기에 좋은 키스라고 할 수 있다.

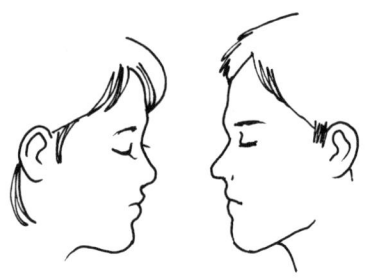

그림 1

정면에서 마주보고 어느 정도의 거리를 둔 위치에 선다.

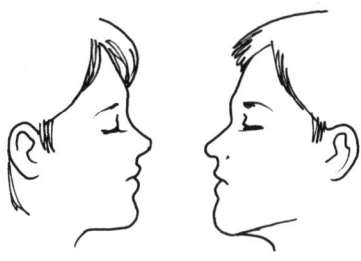

그림 2

서 있는 위치는 그대로 하고 자연스러운 느낌으로 턱을 들어 올리면서
얼굴을 내밀어 서로의 입술을 닿게 한다.

그림 3

코가 부딪히지 않게끔 주의하면서 얼굴을 가까이 하며 입술만 맞닿게
한다.

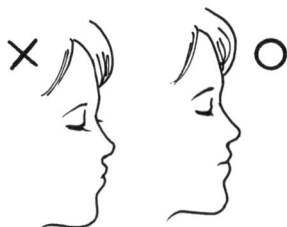

그림 4

입술은 너무 내밀지 말고 자연스럽게 다문 상태를 유지한다.

연애는 전쟁과 같은 것이다.
시작하기는 쉬우나 그만두기는 어렵다.

-멘겐

kiss

버드 키스

작은 새가 부리로
줄기를 쪼듯이
"쪽~ 쪽~" 소리가 나도록

서로 입술을 둥글게 오므려서 쭉 내밀고 "쪽~"하는 이 미지로 닿게 한다.

먼저 〈순수 키스〉와 같이 두 사람의 몸을 밀착시키지 말고 어느 정도의 거리를 두고 선다. 선 위치에서 움직이지 않도록 앞으로 기우뚱한 자세가 되게끔 하고 얼굴만 상대 쪽으로 내밀어 입술을 맞춘다. 그러면 키스한 직후에도 입술을 떼기 쉽다. 서 있을 위치가 정해지면 입술을 둥글게(만화에서 나오는 문어 입모양처럼) 오므려서 내민다. 입술 모양을 만들었다면 상대에게 다가가지 말고 서 있는 위치 그대로 유지한 채, 상대방에게 얼굴만 내밀어 입술을 맞춘다.

입술을 포갠 쪽, 즉 리드하는 쪽이 입술이 닿는 면의 중심과 중심에서 딱 맞도록 입술을 맞추는 것이 포인트. 이 때 상대의 입술을 가볍게 물거나 오므린 입술의 작은 틈새로 재빨리 작은 숨을 빨아들여 "쪽"하는 소리를 내면 사랑스럽게 느껴진다. 또, 한 번의 접촉으로 끝나기보다는 딱따구리가 나무 줄기를 부리로 쪼듯이 작은 움직임으로 몇 번이고 연속적으로 하면 분위기는 더욱더 고조된다. 연속으로 할 때는 머리를 앞뒤로 수평으로 움직이며 키스하고, 키스하고 난 후 바로 고개를 뒤로 보내 입술을 뗀다. 이것을 몇 번이고 반복한다.

익숙해지면 입술을 미리 동그랗게 오므리지 말고 바로 '일치시키는 기술'에 도전해보자. 고개를 앞으로 내밀면서 입술을 동그랗게 만들어 "쪽"하고 키스를 한 다음, 다시 얼굴을 떼면서 입술을 자연스러운 형태로 되돌린다. 이런 '일치 기술'을 습득하면 상대가 실눈을 뜨고 있거나 옆에서 보는 사람이 있다고 해도, 앞으로 쭉 내민 입술로 고개를 앞뒤로 움직이는, 어쩌면 바보 같은 모습이나 표정을 들킬 염려가 없고, 아름다운 키스 모습도 연출할 수 있다.

그림 1

입술은 동그랗게 오므려 쭉 내민다. 만화에 나오는 문어의 입모양이나 불쑥 튀어나온 입모양의 이미지로. 그림은 앞에서 본 것.

그림 2

측면 위에서 내려다보면 입모양은 이렇게 된다.

그림 3

입술이 닿는 면을 빈틈없이 딱 들어맞게 밀착되도록 포갠다.

맨날 웃게 해주면 뭐하나.
맨날 울리는 놈한테 갈걸.

-네티즌 ID:menbung

입술과 입술을 맞대고
문지르는 느낌으로

입술끼리 겉으로만 맞대고 문지르며 접촉하는 키스.

입술을 앞으로 내밀어 접촉되는 면을 좁히면 상대가 느끼는 감촉은 강해지고 뚜렷해지며, 반대로 접촉면을 넓히면 감촉은 우아하고 순해진다. 동시에 입술 주변에 힘을 주어 접촉되는 부분을 강하게 하면 감촉은 세지고, 입술의 힘을 빼고 포근하게 하면 감촉도 부드러워진다. 입술을 뾰족하게 하거나 딱딱하게 하면 상대에게 더해지는 자극은 강해지지만 본인은 미묘한 접촉을 자각하기 어려워질 수도 있으니,

기본적으로 힘을 주지 말고 부드럽고 자연스럽게 다문 상태로 진행한다.

입술을 만들었다면 서로의 입술은 닿을까 말까 할 정도의 아슬아슬한 거리로 스치게끔 맞대고 문지른다. 압박이나 밀착은 하지 않는 것이 기본이지만, 이 진행이 익숙해졌다면 대부분 접촉하지 않은 상태로부터 어느 정도의 마찰감을 맛볼 수 있는 밀착 정도까지, 그 밀착 정도를 변화시키면서 즐기면 된다.

두 입술을 맞대고 문지를 때 고개를 움직이는 방법은 두 종류이다. 정수리를 축으로 머리를 회전시키도록 흔드는 방법과 얼굴을 상대의 얼굴에 평행하게 맞댄 채 좌우로 평행이동 하는 방법이 있다. '회전 흔들기'일지 '평행 흔들기'일지는 분위기나 상대의 움직임에 맞춰 적당히 사용하면 되지만, 알아두어야 할 점은 움직일 때 상대가 오른쪽(상대의 오른쪽=본인의 왼쪽)으로 움직였다면 자신도 오른쪽(본인의 오른쪽)으로, 상대가 왼쪽으로 움직였다면 본인도 왼쪽으로 움직이는 것이다. 서로 머리를 움직이는 것이 기본이지만,

한 사람은 머리를 움직이지 않고 다른 사람만 간질이듯 일
방적으로 움직이는 방법도 있다. 리드하는 쪽과 리드 받는
쪽의 입장이 명확해져, 대등하게 진행하는 때와는 또 다른
재미를 맛볼 수 있다.

그림 1

시작 시점에서의 자세는 〈순수 키스〉와 같다. 코가 부딪히지 않도록 가
볍게 턱을 들고 자연스럽게 다문 상태로 입술을 겹친다. 다른 점은, 입
술을 겹친 이후에 문지르는 동작을 추가하는 것.

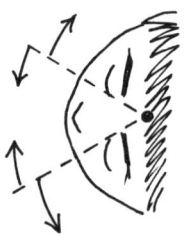

그림 2

움직이는 방법 1. 회전 흔들기

그림 3

움직이는 방법 2. 평행 흔들기

그림 4

입술은 자연스럽게 다문 상태에서 힘을 빼는 것이 기본. 이때 조금 입술이 벌어져도 된다.

그림 5

상대에게 자극을 강하게 주고 싶다면 입가에 힘을 주어 입술을 딱딱하게 한다. 이때에도 〈아웃사이드 키스〉 독특의 감촉을 맛보고 싶다면, 될 수 있는 한 입술을 뾰족하게 하지 말고 자연스럽게 다문 상태에서 좌우로 진행한다.

키스는 마음을 빼앗는 가장 힘세고 위대한 도둑이다.

-소크라테스

입술을 부비부비!
실랑이 하기

입술과 입술을 강하게 서로 누르며 반죽하듯이 밀치락 달치락 하는 것으로 부드러운 입술이나 입술 주변의 탄력감, 유연성 등을 즐긴다.

입술은 자연스럽게 다물기만 하면 된다. 다만, 주의점이라면 너무 강하게 누르거나 혹은 강하게 눌리면 경우에 따라 앞니나 주변의 잇몸이 아플 수도 있다. 그렇기 때문에 압박하려는 낌새가 있을 경우에는, 다가오기 전에 입가 근육에 힘을 주어 앞니 주변을 보호하도록 한다.

입술을 만들었다면 상대와 겹쳐준다. 밀치락달치락 하기 위해 격하게 움직이면 고개의 각도도 크게 움직이므로, 〈크로스 키스〉처럼 고개를 기울여 겹치는 것도 하나의 방법이다. 〈순수 키스〉와 같이 수직으로 겹쳐도 좋다. 어느 쪽을 선택하든 주의할 점은, 서로의 입술 위치를 정해서 떨어지지 않도록 하는 것이다.

입술이 밀치락달치락 하는 '움직임'은 ①상하, ②좌우, ③대각선, ④회전, ⑤전후(압박하는 힘을 강하게 하거나 약하게 함)의 5가지 패턴.

①상하는 얼굴을 상하로 올리고 내리기. ②좌우는 〈아웃사이드 키스〉와 같이 정수리를 축으로 머리를 회전하며 흔드는 방법과 얼굴을 상대의 얼굴에 평행하게 마주한 채 좌우로 평행운동 하는 방법 등이 있다. ③대각선은 상대의 얼굴에 자신의 얼굴을 정면으로 한 상태에서 대각선 오른쪽 위 / 오른쪽 아래 / 왼쪽 위 / 왼쪽 아래와 얼굴을 평행운동 한다. ④회전은 겹친 상대의 입술 위에서 움직이는데 〈그림 4〉의 화살표 모양과 같은 이미지로. ⑤전후는 입술

끼리 떨어지지 않는 범위 안에서 딱따구리처럼 고개를 앞뒤로 움직여서 입술을 꽉 눌러 세게 하거나 고개를 뒤로 하여 약하게 한다.

이와 같은 5가지 패턴의 움직임을 랜덤으로 짝을 지어 반복하면, 생각지도 못한 재미를 발견할 수 있다.

그림 1

부비부비 액션 ① : 상하

그림 2

부비부비 액션 ② : 좌우

그림 3

부비부비 액션 ③ : 대각선

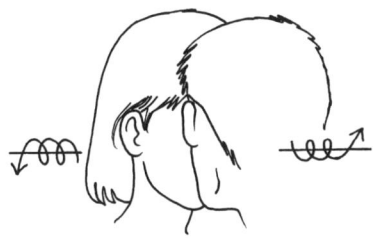

그림 4

부비부비 액션 ④ : 회전

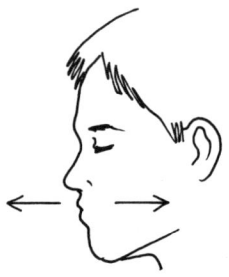

그림 5

부비부비 액션 ⑤ : 전후

그림 6

⑤의 전후 패턴 이외에는 기본적으로 두 사람의 얼굴은 일정하게 거리
를 지켜, 서로 수평으로 움직인다.

미숙한 사랑은 '당신이 필요해서 당신을 사랑한다'고 말하지만,
성숙한 사랑은 '사랑하니까 당신이 필요하다'고 한다.

-윈스턴 처칠

입술의 안과 밖, 더블 접촉으로 밀착감을 두 배로

상대의 입술을 입술 끝으로 쪼는 방법으로, 입술의 안쪽과 바깥쪽의 양면이 동시에 맞닿게 되기 때문에 입술 표면끼리만 겹치는 키스보다 높은 밀착감을 맛볼 수 있다.

하는 방법은 ①서로 입술을 다문 채 겹친다. ②겹친 후에는 한 사람만 입술을 살짝 벌린다. ③상대의 다문 입술에 윗입술 혹은 아랫입술을 파고든다. ④그대로 상대의 윗입술 혹은 아랫입술을 쪼는 흐름으로 공략한다. 리드하는 쪽이 상대방의 입술을 마치 작은 새가 먹이를 쪼아 먹듯이 입술 앞을 가볍게 압박하거나 끌어당기는 것이다. 이 때, 리드 받는 쪽은 상대가 키스하기 쉽도록 입술을 꽉 다물지 말고, 가능한 한 입가부터 힘을 빼고 입술을 맡기면 된다.

그 이상으로 발전된 기술로써 서로의 입술을 동시에 쪼는 것도 가능하다. 〈더블 햄버거 키스〉의 순서는 다음과 같다. ①서로에게 살짝 입술을 벌려서 맞댄다. ②그대로 입술을 겹친다. 이때 입술은 딱 맞게 대지 말고, 위아래로 미묘하게 어긋나게끔 겹쳐 서로가 살짝 벌리고 있는 틈 사이에 상대의 입술을 서로 다르게 끼우게 된다. 물론 그 반대도 가능하다. ③서로의 입술이 서로 다르게 맞물렸다면(예를 들어, 자신의 윗입술 / 상대의 윗입술 / 자신의 아랫입술 / 상대의 아랫입술 이렇게 4가지 경우가 된다) 상대의 입술을 쪼면서 동시에 자신의 입술이 쪼여지는 감촉을 맛볼 수 있다.

〈더블 햄버거 키스〉의 형태가 완성되어 일정시간이 경과하면, 윗입술을 쪼이는 쪽(즉 아랫입술을 쪼고 있는 쪽)이 이번에는 상대의 윗입술을 쪼거나 적당히 상하를 바꾸면 보다 다이나믹한 키스를 즐길 수 있다.

그림 1

한쪽이 하는 〈햄버거 키스〉. 리드하는 쪽과 리드 받는 쪽이 다르다.
≒ 주종관계가 명확해진다.

그림 2

〈더블 햄버거 키스〉에서는 서로가 리드하는 쪽인 동시에 리드 받는 쪽
도 된다.

섹스는 침대 위에서보다 영화나 책으로 볼 때 더 흥분된다.

-앤디 워홀

상대의 **입술 전체**를
입술로 **푹 덮어서 넣기**

상대의 다문 입술 전체를 적당히 벌린 입술로 푹 덮어 싸는 '덮는 키스'이다. 상대의 입술 두께를 느끼며 즐길 수 있다.

진행 흐름은 다음과 같다. ①서로 입술을 자연스럽게 다문 상태로 마주본다. ②그대로 천천히 얼굴을 가까이 한다. ③얼굴을 가까이 하면서 입술을 덮는 쪽(리드하는 쪽)은 천천히 입술을 벌린다. 입술이 덮히는 쪽(리드받는 쪽)은 입술을 자연스럽게 다문다. 얼굴끼리 충분히 접근했다면, ④

40

리드하는 쪽은 입술을 조금 벌려 리드 받는 쪽의 입술을 푹 덮는다.

이것으로 키스는 완성. 그 후에는 그대로 움직이지 말고 서로의 '숨'을 느껴 봐도 좋고, 덮은 입술로 오물오물 상대의 입 전체를 부비며 깨물어도 좋다.

②에서 얼굴을 가까이 할 때에는 〈크로스 키스〉와 같이 가까이 가면서 고개를 기울일지, 〈순수 키스〉와 같이 고개를 기울이지 않고 정면으로 한 채 입술을 겹칠지의 결정은 두 사람의 취향으로 선택한다. 단, 얼굴을 정면으로 하는 방법이 리드하는 쪽의 입이 더 조그맣게 벌어지기 때문에, 키스 초보자에게는 이 방법이 보다 저항감이 낮아 부드럽게 진행될 수 있다.

또 ④에서 입술을 덮을 때는 리드하는 쪽이 어디까지나 입술만 사용하도록 항상 주의해야 한다. 리드하는 쪽의 '이'가 리드 받는 쪽의 입술에 느껴질 정도로 깊게 들어가지 말고, 항상 가볍고 부드럽게 상대의 입가를 사뿐히 덮어 입안에 넣는 이미지로 한다. 형태가 완성된 후에 오물오물 반죽하듯이 움직일 때에도 '이'는 사용하지 말고 입술만으로 부드럽게 비비고 깨물도록 주의한다. 덧붙여 이 키스를 하는 순간에는 입으로 숨을 쉬기가 어렵다. 코로 숨쉬기를 유지하도록 주의한다.

그림 1

리드하는 쪽의 벌린 입술로 리드 받는 쪽의 입술을 푹 덮어 감싼다.

그림 2

리드하는 쪽의 입술 가운데에서 보면 이와 같은 상태가 된다.

그림 3

좋은 예. 리드하는 쪽은 입술만으로 덮었고, 리드 받는 쪽의 입술은 리드하는 사람의 이가 닿지 않았다.

그림 4

약간 좋지 않은 예. 입술만으로 덮여 있지만 깊이 들어갔기 때문에, 리드 받는 쪽의 입술이 리드하는 쪽의 이에 닿아 있다. 리드 받는 쪽이 키스에 익숙하지 않거나 결벽증이 있는 경우 혐오감이 들 가능성이 있다.

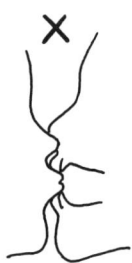

그림 5

나쁜 예. 리드하는 쪽이 리드 받는 쪽의 입술을 이로 완전히 물어버렸다.

사랑 받고 싶다면 사랑하라, 그리고 사랑스럽게 행동하라.

-벤자민 프랭클린

태도·자세 : 기본편

앉거나 누워서도 키스는 가능하지만, 기본자세는 서 있는 상태이다. 서서 키스를 하면 가까이 다가가거나 떨어지는 두 사람의 거리 조정도 단계별로 하기 쉽기 때문이다. 키스를 할 때 제일 문제가 되는 것이 애매한 손의 위치이다. 가장 자연스러운 것은 상대의 어깨에 올리거나 허리를 감는 것이다. 친밀감을 높이고 싶다면 어깨나 허리를 감싼 상태에서 안거나 자연스럽게 엉덩이를 만져도 좋다.

 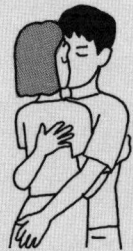

그림 1

어깨에 올리거나 허리를 감싼 팔에 힘을 주어 조이면 그대로 자연스러운 허그(서로 껴안은 상태)가 된다. 밀착감은 최상급.

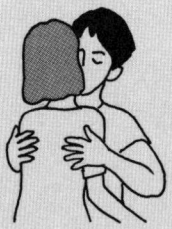

그림 2

자연스럽게 펼친 손바닥으로 상대를 양손으로 끼우는 느낌을 더해도 좋다.

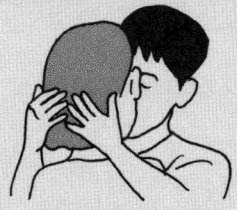

그림 3

손바닥으로 감싸듯이 머리 뒤를 만지는 것도 좋다. 머리카락을 어루만지면서 부드럽게 키스로 넘어가는 이점도 있다.

그림 4

손은 상대의 어깨를 쥐거나 허리를 감싸는 것이 가장 자연스럽다. 서로 상대의 허리를 감싸 안는 것도 좋다.

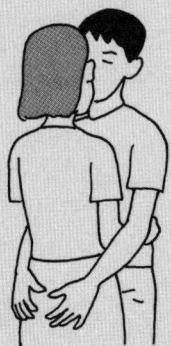

그림 5

애매한 손은 자연스럽게 엉덩이를 만지는 방법도 있다. 이 상태에서 밀착도를 높이면 하반신을 보다 더 붙이는 자세가 된다. 이외에도 키스를 하면서 손으로 가슴이나 피부를 어루만지는 방법도 있다.

Chapter_02

딥 키스

kiss

입술을 맞댄 채
혀를 휘감는 정통파 딥 키스

입술을 벌린 상태에서 겹쳐서 혀를 휘감는다. 가장 전통적인 딥 키스.

동작의 흐름은 ①정면으로 마주하고, ②천천히 얼굴을 가까이 하면서 서로 같은 방향으로 고개가 어긋나도록 기울인다. (오른쪽으로 기울이려면 두 사람이 각자의 오른쪽으로, 왼쪽으로 기울이려면 각자의 왼쪽으로 고개를 기울인다) ③고개를 기울이면서 동시에 눈을 감고, ④다시 동시에 입을 조금씩 벌린다. ⑤얼굴과 얼굴의 거리가 가까워졌다면 벌린 상태에서 입술을 겹치고, ⑥입술의 빈틈으로 서로의 혀를 내밀어, ⑦입술을 맞댄 채 혀를 휘감는다.

　기울인 고개의 각도는 한 사람당 20도부터 45도까지의 범위에서 임의로 정한다. 많이 기울인 쪽이 목에 더 부담이 가므로 두 사람이 서로 공평하게 기울일 것. 입술을 대기 시작한 시점에서 입을 벌리는 정도는 목의 경사각 20도에서 1~2센티, 45도라도 2~3센티로 충분하다. 혀를 휘감으면 자연스럽게 입이 벌어지지만 그것은 그것대로 괜찮다. 얼굴을 가까이 하는 속도와 눈을 감는 동작에 고개를 기울여 각도를 정하는 동작, 그리고 입을 살짝 벌리는 동작이 일치해서 마지막으로 입술이 닿는 시점이 되면, 소프트 키스의 〈크로스 키스〉와 같은 모습이 된다. 누가 보아도 아름다운 키스가 완성된다.

　⑦에서 혀를 휘감을 때는 서로 혀를 갈고리처럼 구부리는 것이 기본이다. 상대의 혀에 걸쳐서 맞당기는 느낌으로 휘감는다. 그때 혀는 계속 구부린 상태가 아닌, 휘감는 상태로 구부렸다가 펴는 움직임을 반복한다. 혀의 움직임에도 '살포시 대는 정도로 / 강하게 밀어붙이듯이' 또는 '천천히 /

재빠르게'와 같은 변화를 주어보자. '빨리 · 가볍게' 움직이고 싶다면 혀의 앞쪽 끝만 움직이는 느낌으로 하고, '천천히 · 강하게' 움직이고 싶다면 혀의 안쪽 끝 뿌리 부분부터 움직이는 느낌으로 진행하면 원하는 움직임을 만들기 쉽다.

그림 1

코가 부딪히지 않게 고개를 기울여서 입술을 겹친다. 입을 살짝 벌리는 것 이외에 겹쳐지는 순서까지는 소프트 키스의 〈크로스 키스〉와 동일하다.

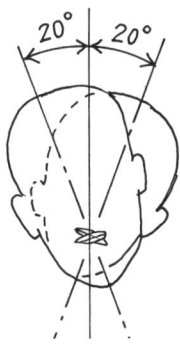

그림 2

고개를 한 사람당 20도씩 기울이면 이런 느낌이 된다.

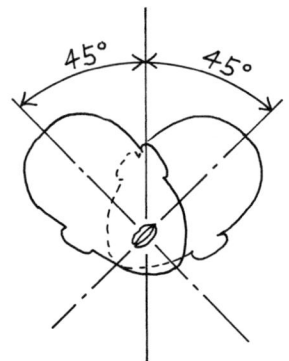

그림 3

기울인 각도가 깊을수록 입술이 맞물리는 방향도 커진다. 한 사람당 최대 45도로 기울이면 서로의 입술은 직각으로 겹쳐지게 된다.

그림 4

직각으로 겹쳐지면, 나의 입술과 상대방의 입술이 마치 오목과 볼록의 '블록'을 맞춘 듯 멋지게 맞물린다.

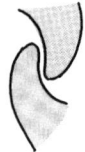

그림 5

혀는 앞쪽 끝을 '또르르' 둥글게 마는 이미지로 갈고리 형태를 만들어 휘감는다.

중요한 것은 사랑을 받는 것이 아니라 사랑을 하는 것이었다.

-서머셋 모옴

kiss

혀끝 키스

혀를 움직이는 기본
3가지(상하/좌우/회전)
트레이닝

서로 입을 벌리고 혀를 내밀어 혀의 앞쪽 끝만으로 상대
의 혀끝을 자극한다.

입은 의식적으로 크게 벌릴 필요는 없다. 내밀고 싶은 혀
의 길이에 따라서(혀를 짧게 내밀면 입을 벌린 쪽은 작아지고, 혀를 길게 내밀려고
하면 입은 당연히 커진다) 그냥 자연스럽게 벌리면 된다. 입술을 크
게 벌리지 않고 상대 혀에 닿도록 해도 된다. 혀를 내미는
방법은 똑바로 전방으로 내미는 것이 기본이지만, 움직이고
나서 각도가 변하는 것에는 크게 신경 쓰지 않아도 된다. 혀
를 내밀면 혀끝은 자연스레 뾰족하고 단단해지기 때문에 특

별히 혀끝에 힘을 주거나 하지 않아도 된다. 혀를 가볍게 내밀면 얼굴과 얼굴의 거리가 좁혀져 친밀감이 높아지고, 혀를 길게 늘이면 그만큼 혀끝의 움직임도 커져 다이나믹한 키스가 가능해진다.

혀를 움직이는 3가지 방법

① 상하로 할짝할짝 움직인다

② 좌우로 할짝할짝 움직인다

③ 뱅글뱅글 작게 회전시킨다

이러한 3가지 방법은 혀를 활용하는 키스의 기본이 되므로 꼭 익혀두자.

이마와 이마, 혹은 콧등과 콧등 등, 얼굴의 일부를 접촉시킨 상태로 진행하면 혀의 앞쪽 끝까지의 거리를 일정하게 유지하기 쉽고, 혀를 움직이는 동안에 혀끝끼리 떨어져버리는 우발적 사고를 방지할 수 있다. 얼굴의 일부를 맞대는 것 이외에 한쪽이 상대의 뺨이나 머리 뒤에 손을 댄 채 진행하면 서로의 거리를 일정하게 유지할 수 있다. 다만 어느 정도의 거리가 유지되지 않아 혀의 앞쪽 끝이 때때로 떨어지는 경우가 생기더라도 그 나름의 재미를 맛볼 수 있어서 즐겁다.

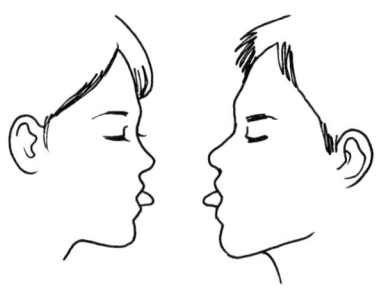

그림 1

입을 자연스럽게 벌리고 앞으로 쑥 밀어내듯 혀를 내민다.

그림 2

혀끝과 혀끝을 맞댄다. 혀끝만 맞대면 혀끝에 의식과 감각이 집중된다.

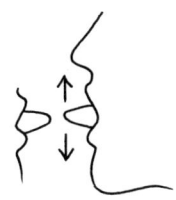

그림 3

* 혀 움직이는 방법 · 기본 1
상하로 할짝할짝 움직인다. 움직이는 폭을 작게 할수록 빨리 움직일 수
있다.

그림 4

* 혀 움직이는 방법 · 기본 2
좌우로 할짝할짝 움직인다.

그림 5

* 혀 움직이는 방법 · 기본 3
혀끝으로 동그라미를 그리듯 뱅글뱅글 회전시킨다.

누군가를 사랑한다는 것은 자신을 그와 동일시하는 것이다.

-아리스토텔레스

kiss

윗입술 / 혀끝 / 아랫입술 정확히 맞대기

윗입술 / 혀끝 / 아랫입술의 세 부분을 동시에 정확히 맞대는 키스. 동작의 흐름은 ①서로 정면으로 마주하고 ②얼굴을 가까이 하면서 천천히 눈을 감고, 동시에 입을 벌린다. ③입을 벌리면서 서로의 혀끝을 내민다. ④상대의 윗입술에는 윗입술을, 아랫입술에는 아랫입술을 겹치면서 내민 혀끝을 상대의 혀끝에 댄다. ⑤혀끝을 움직여서 자극시키면 키스가 완성된다.

②에서 얼굴을 가까이 할 때는 고개는 기울이지 말고 어

디까지나 정면인 상태로, ③에서 ④로 진행할 때 벌린 입의 크기는 최종적으로 3~4센티 정도. 벌린 입의 폭이 최대가 되는 것과 입술끼리 닿는 시점을 제대로 맞추는 것이 이상적이다. 또 ③~④에서 내민 혀끝은 자연스럽게 입 밖으로 내미는 정도로 충분하며 너무 길게 내밀 필요는 없다. 역시 맞댄 혀끝을 ⑤에서 움직일 때는 앞장의 〈혀끝 키스〉 스타일을 기본으로 하되, 조금씩 내민다.

한 사람이 상대의 입술을 억지로 벌려서 하는 방법도 있다. 구체적으로는 ①정면으로 하고, ②서로 입술을 다문 채 겹친다. 이때 리드하는 쪽은 입술을 다문 채 받는 쪽의 입술 틈새를 파고들듯이 하고, 받는 쪽은 입가의 힘을 빼 리드하는 쪽의 입술이 들어오기 쉽도록 한다. ③받는 쪽 입의 벌어진 틈새에 입술이 들어갔다면 리드하는 쪽은 입을 벌린다. 그렇게 하면 공격수는 입술로 수비수의 입을 벌리게 된다. 받는 쪽은 여기서도 입가의 힘을 의식적으로 빼고 상대의 공격에 몸을 맡긴다. ④공격수에 의해 수비수의 입술이 억지로 열렸다면 서로에게 혀를 내밀어, ⑤위아래 입술이 맞닿은 상태를 유지하면서 혀끝끼리 닿으면 완성. 그 다음, 공격수가 수비수의 입술을 더 벌리려고 하거나, 그 반대로 수비하는 쪽이 공격 측의 입을 다물도록 입가에 가볍게 힘을 주는 등 공방전을 펼치는 것도 즐겁다.

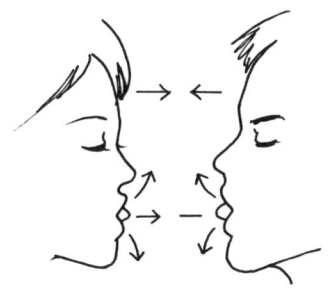

그림 1

정면으로 마주했다면, 얼굴을 가까이 하면서 입을 벌려 혀의 앞쪽 끝을 내민다.

그림 2

그리고 윗입술 / 혀끝 / 아랫입술의 세 부분을 닿게 한다. 입술이 맞닿은 순간에 입이 최대로 벌어지고, 동시에 필요한 만큼 혀끝을 내밀면 옆에서 누가 보아도 아름답다.

그림 3

공격수와 수비수로 나뉘는 경우. 먼저 리드하는 쪽(그림의 오른쪽 사람)이 받는 쪽(그림의 왼쪽 사람)의 입술 틈새에 다문 입술을 들어가게 한다.

그림 4

들어간 상태에서 리드하는 쪽이 입을 벌려 받는 쪽의 입도 벌어지도록 넓혀준다.

그림 5

충분히 입이 벌어졌다면 서로 혀끝을 내밀어 맞춘다.

떨리는 마음으로 사랑을 고백하는 순간보다 더 힘든 일은
떨리는 가슴으로 사랑하지 않는 척 하는 것.

-네티즌 ID: sonyo

kiss

혀의 표면 중심선을 따라
덧그리듯 핥는다

　①리드 받는 쪽이 혀를 내밀어 ②앞으로 쭉, 똑바로 늘인다. ③리드하는 쪽도 동시에 혀를 길게 내밀어 속도나 압박감에 변화를 주면서, ④딱딱하고 뾰족하게 만든 혀끝으로 받는 쪽의 혀 표면 중심선을 따라 덧그리듯 자극한다.

　①에서는 가능한 한 길게 입 밖으로 늘이도록 신경 쓴다. 혀의 길이가 길면 길수록 리드하는 쪽의 혀끝 이동거리는 길어져 자극하기 쉬워진다. ②에서는 앞쪽으로 수평이 되도록 똑바로 늘이는 방법과, '메롱'하듯이 아래로 늘어뜨리는

방법이 있다. ③에서는 리드하는 쪽이 길이에 너무 집착하면 혀(특히 혀의 안쪽 뿌리 부분)의 유연성이 떨어져 조절이 힘들어지므로 주의해야 한다. 그리고 ④에서는 정중앙 이외의 부분에는 가능한 대지 않도록 한다. 또 정중앙에도 될 수 있으면 좁은 면적으로 맞닿게끔 신경 쓴다. 그러기 위해서는 혀끝을 가능한 한 뾰족하게 만드는 것이 좋다.

키스할 때 리드하는 쪽의 움직임은 두 가지. 하나는 〈인사이드 키스〉와 같이 정통적인 느낌으로 하는 방법, 즉 혀의 움직임만으로 덧그리는 방법이다. 시작하는 움직임이나 진행하는 방법은 정통적이지만, 혀끝으로 상대의 혀를 찾아가면서 진행하는 것이므로 누가 뭐라 해도 상급자용이다. 상대의 혀도 입안에 받아들여진 상태 = 즉 동그랗게 말려져 있기 때문에 정중앙을 따라 덧그리기 힘들기 때문이다.

여기에서 초보자에게 추천하고 싶은 또 하나의 방법이 있다. 리드하는 쪽이 받는 쪽의 옆쪽으로 얼굴을 내밀어서 정수리(머리의 가마 부분)를 축으로 머리를 좌우로 회전하듯 흔들면서 키스하는 방법이다. 혀는 쭉 늘인 상태로 움직이지 말고 머리만 회전시켜 정중앙을 따라 덧그린다. 이렇게 하면 앞으로 쭉 내민 혀가 막힘없이, 단숨에 부드러운 일직선을 그리기 쉽다. 혀의 움직임을 컨트롤하기 쉽기 때문에 속도 변화나 압박하는 힘의 조정이 쉬워지는 이점도 있다.

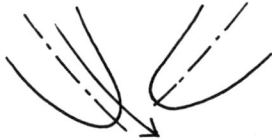

그림 1

상대의 혀 표면의 정중앙선을 따라 덧그리듯 '쏙～' 핥아 준다.

그림 2

정통적인 스타일로 입을 벌려서 혀를 내미는 방법. 입을 크게 벌릴수록 길고 편하게 혀를 늘일 수 있게 된다.

그림 3

한편, 입술을 다문 상태에서 혀만 입 밖으로 내미는 방법도 있다. 사람에 따라서는 이와 같은 방법이 어중간하게 입을 벌리는 것보다 편할지도 모른다.

그림 4

초보자에게 추천하는 방법. 리드하는 쪽은 정수리를 축으로 머리를 회전시키는 이미지로 움직여준다. 이때 혀는 쭉 빼서 늘인 상태로 고정해둔다.

종소리를 듣고 싶다.

- 네티즌 ID: Hsang

혀 밑 중심선을 따라 덧그리듯 핥는다

상대의 혀 밑(안쪽)의 중심선을 따라 혀끝으로 덧그리듯 핥아 자극한다. 〈혀 중앙 키스〉의 밑쪽(안쪽) 버전.

①리드 받는 쪽이 혀를 내밀어, ②쭉 늘이고 동시에 ③리드하는 쪽도 혀를 길게 내밀고 속도나 압박하는 힘에 변화를 주면서, ④단단하고 뾰족하게 만든 혀끝으로 받는 쪽의 혀 밑 중심선을 따라 '쓱' 덧그리듯 자극한다. 이와 같이 흐름의 기본은 앞의 〈혀 중앙 키스〉와 동일하다.

다른 점은, 혀의 밑과 겉이라는 것 이외에 두 가지가 있다. 하나는 리드 받는 쪽의 혀 내미는 방법. 〈혀 중앙 키스〉에 서는 혀를 앞으로 똑바로 내밀거나 '메롱'하듯 아래로 내밀었지만, 여기서는 콧등을 핥을 기세로 혀끝을 밀어 올리듯 혀 전체를 내미는 것이다. 이렇게 하면 상대방(리드하는 쪽)에게 혀 밑면이 보이기 때문에 자동적으로 리드하는 쪽이 혀 밑쪽을 핥기 쉬워진다. 또 하나의 다른 점은, 두 사람이 조합하는 방법. 〈혀 중앙 키스〉에서는 리드하는 쪽이 받는 쪽의 얼굴 옆쪽으로 얼굴을 내미는 방법도 있었지만, 〈혀 밑 키스〉에서는 마주본 상태에서 리드 받는 쪽이 혀를 내밀었을 때 리드하는 사람에게 밑(안) 근육이 향하게 된다. 때문에 리드하는 쪽이 머리의 각도를 바꿀 필요는 없다. 즉 받는 쪽은 혀를 들어 올리고 리드하는 쪽은 혀끝을 앞으로 쭉 내밀면, 남은 일은 얼굴만 가까이 하는 것이다. 서로 얼굴을 충분히 가깝게 해서 혀 밑 중심선과 혀끝이 맞닿았다면, 다음은 속도나 압박하는 힘에 변화를 주면서 리드하는 쪽이 혀 밑(안)을 핥기만 하면 된다.

혀 밑을 핥을 때 리드하는 쪽의 움직임은 혀만 상하로

움직이는 방법과, 혀는 쭉 내밀어 늘인 채 고정하고 얼굴을 상하로 움직이는 방법이 있다. 전자는 섬세하고 빠른 움직임을 만들기 쉽고, 후자는 다이나믹한 움직임이 되기 때문에 은밀한 분위기를 고조시킨다.

그림 1

받는 쪽은 조금 길게 내밀면서, 중간부터 구부려 들어 올리듯이 혀를 내민다. 이렇게 하면 리드하는 쪽이 혀 밑을 파악하기 쉬워진다. 이 키스의 성사 여부는 받는 쪽이 어떻게 혀를 내미느냐에 달려 있다.

그림 2

혀 밑 중심선을 따라 덧그리는 방법 1 : 혀만 사용하여 상하로 움직여
서 핥는다.

그림 3

혀 밑 중심선을 따라 덧그리는 방법 2: 혀는 앞으로 쭉 늘인 채 움직이
지 말고, 그대로 얼굴을 상하로 움직여서 핥는다.

남자들은 키스를 못해.

-네티즌 ID: kiss me

혀 가장자리 키스
민감한 혀의
가장자리 집중공격하기

혀의 부위 중에서도 표면이나 표면의 중심선으로 이어
지는 민감한 곳인 가장자리를 집중적으로 자극하는 키스.
강하게 맞대면 좋은 느낌의 이물감이 느껴지고, 가볍게 맞
닿으면 간지러운 느낌의 에로틱한 기분이 든다.

기본적인 방법은 ①정면으로 보고, ②서로 혀를 내밀고,
③리드하는 쪽이 혀끝으로 받는 쪽의 혀 가장자리를 그림을
덧그리듯 핥는 흐름이다.

접촉 면적이 좁을수록 압착되는 힘도 커져 "딱 붙어 있

다"는 느낌이 커지는 만큼 쾌감도 올라간다. 그와 반대로 밀착 정도를 높이고 싶으면 리드하는 쪽이 혀끝이 아닌 혀 표면의 중앙부에서 핥아도 좋다. 이렇게 하면 혀끼리의 접촉 면적이 넓어질 뿐만 아니라 자연스레 서로의 얼굴도 닿기 때문이다.

서로 혀를 입 밖으로 내밀면 리드하는 쪽은 받는 쪽의 혀 가장자리를 확인하기 쉬운 이점이 있다. 하지만, 한층 더 밀착 정도를 높이고 싶다면 〈인사이드 키스〉의 상태에서, 즉 서로의 혀를 입안에 넣은 상태로 진행해도 좋다. 단, 안에서 할 경우 당연히 눈으로는 볼 수 없고 혀의 감각만으로 가장자리를 파악해야 하기 때문에, 가장자리를 정확하게 파악할 수 있을 만큼의 감각이 길러지기 전까지는 입 밖에서 진행하여 감각을 기르자.

혀의 가장자리끼리 만나 문지르게 하는 발전된 기술도 있다. 리드하는 쪽은 상대뿐만 아니라 본인의 혀 가장자리도 자극하게 되어, 가장자리 자극 특유의 쾌감을 쌍방향으로 맛볼 수 있다. 이 경우 서로의 혀 가장자리는 평행 / 대각선 / 직선교차의 세 가지 방법으로 맞대고 문지를 수 있다.

그림 1

혀의 바깥 주변 부위는 의외로 민감하다. 민감한 부위는 좌우는 물론 앞에서부터 안쪽 끝, 뿌리 부분까지 혀 전체에 퍼져 있기 때문에 공격 범위가 넓은 것도 매력적이다.

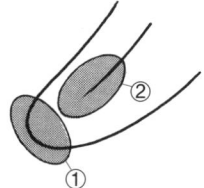

그림 2

리드하는 쪽은 혀끝(①)으로 핥는 것이 정통적이지만, 밀착 정도를 높이고 싶다면 혀 표면의 중앙(②)으로 핥아도 좋다.

그림 3

1. 평행으로 스치기

그림 4

2. 대각선으로 맞대고 문지르기

그림 5

3. 직선으로 교차시키기

사랑은 그저 미친 짓이에요.

-셰익스피어

kiss

말랑말랑한 혀끝을 부드럽게 살짝 깨물기

리드하는 쪽이 받는 쪽의 혀끝을 가볍게 오물조물 부드럽게 깨무는 키스. 리드하는 쪽은 말랑말랑하고 부드러운 혀의 감촉을 느낄 수 있고, 받는 쪽은 가벼운 압박을 맛볼 수 있다.

순서는 ①정면으로 마주보고, ②리드 받는 쪽이 입 밖으로 혀를 내밀고, ③그 내민 혀끝을 리드하는 쪽이 위 아랫니에 끼우고, ④오물조물 가볍게 깨문다.

리드하는 쪽은 턱을 조금씩 움직여 빠르게 깨물거나, 혹은 턱을 크게 움직여 천천히 깨무는 등, 가해지는 힘이나 속도에 변화를 주면서 진행한다. 또는 정통적인 방법으로 ① 턱을 위아래로 움직이며 깨무는 방법도 있고, ②맞물리게 깨문 채 턱에 힘을 주거나 빼며 깨물거나, ③맞물리게 깨문 채 위아래의 턱을 좌우 수평으로 움직여서 반죽하듯이 깨무는 방법 등이 있다. 이렇게 깨무는 방식을 미묘하게 바꾸며 변화를 주어보자.

리드 받는 쪽은 혀를 가능한 한 길게 쑥 내민다. 그렇게 하면 리드하는 쪽이 깨물기 쉬워지고 깨무는 위치에도 어느 정도 변화를 줄 수 있다.

이 키스에서는 리드하는 쪽과 받는 쪽의 양쪽 모두가 고개는 기울이지 않고 앞으로 똑바로 보는 것을 유지한다. 이 방법이 진행하기 쉬우면서 혀와 이의 끝이 평면으로 맞닿기 때문에, 받는 쪽의 혀 표면에 기습적으로 가해지는 힘이 작아져 상처입을 위험이 적어진다. 혀는 생각보다 섬세하며 턱의 힘은 의외로 강하다. 공격수 본인에게는 장난으로 힘을 살짝 넣은 정도라도 이에 닿는 방식에 따라 혀가 쉽게 찢

어져 피가 날 수도 있다. 리드하는 쪽은 받는 쪽의 혀에 상
처가 나지 않도록 깨물 때 힘 조절에 특히 유의해야 한다.

그림 1

리드 받는 쪽이 내민 혀끝을 리드하는 쪽은 가볍게 앞니를 드러내며 부
드럽게 깨문다.

그림 2

리드하는 쪽이 가볍게 앞니를 드러내 깨무는 것 이외에도 입술로 덮은
상태에서 깨무는 방법도 있다.

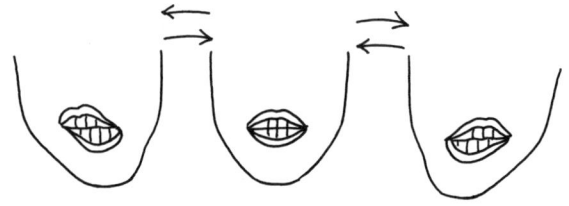

그림 3

위 그림은 맞물리게 깨문 채 위아래의 턱을 좌우 수평으로 움직여서 반
죽하듯이 깨무는 것이다. 이를 가는 듯한 이미지로 아래턱만 좌우로 움
직이는 것도 좋다.

겁쟁이는 사랑을 드러낼 능력이 없다. 사랑은 용기 있는 자의 특권이다.

-간디

빈틈없이 **입술**을 겹쳐 두 사람의 입안을 **밀폐 공간으로**

　서로의 입술을 꽉 맞게 빈틈없이 겹쳐 두 사람의 입안을 바깥 공기로부터 완전히 차단시킨 밀폐 공간으로 만들고, 그 안에서 혀를 휘감는 딥 키스. 입술이 빈틈없이 겹쳐진 것으로 밀착 정도가 높아지는 것은 물론, 서로의 숨의 온도가 외부 공기에 닿아 식지 않기 때문에 그만큼 두 사람의 열기도 높아진다. 더욱이 침이 바깥 공기에 닿지 않기 때문에 정통적인 딥 키스이면서도 냄새가 나지 않아, 평소에 침 냄새가 신경 쓰이는 사람도 저항 없이 딥 키스를 즐길 수 있다.

입술끼리 빈틈없이 겹치게 하는 것이 밀폐 공간을 만드는 최대의 포인트. 그러기 위해서는 서로의 입술을 '새의 부리'의 이미지로 가볍게 내밀듯이 만든다. 그러면 입술 중앙이 볼록한 상태로 내밀어지고, 내민 만큼 입꼬리가 오목하게 패인 상태가 되어 정면에서 보면 마름모꼴에 가까운 입 모양이 된다. 그렇게 해서 만들어진 마름모꼴의 입가를 서로 고개를 45도씩 기울여 얼굴 면끼리 직선으로 교차하는 위치에서 겹쳐주면, 한쪽의 '오목'이 다른 한쪽의 '볼록'과 짝이 맞게 된다.

마름모꼴의 입술이 서로의 올록볼록한 블록 맞추기를 하면서 빈틈없이 딱 맞아 떨어지며 입술이 겹쳐지는 것이다. 두 사람의 입안이 밀폐 공간이 되었다면, 남은 것은 〈인사이드 키스〉나 〈혀끝 키스〉의 기술을 응용해서 하고 싶은 만큼 혀를 휘감는 일 뿐이다.

그림 1

새의 부리같은 이미지로 가볍게 벌린 입술을 마름모꼴이 되도록 입모양을 만든다.

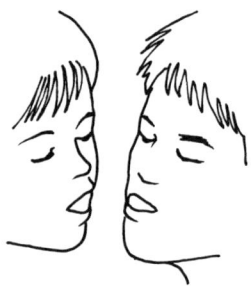

그림 2

서로 입모양을 만들었다면, 양쪽이 45도씩 고개를 기울이면서 얼굴을 가까이 한다.

그림 3

블록이 맞물려서 입술이 빈틈없이 겹쳐졌다면……

그림 4

남은 것은 밀폐 공간 안에서 하고 싶은 만큼 혀를 휘감는 일 뿐이다.

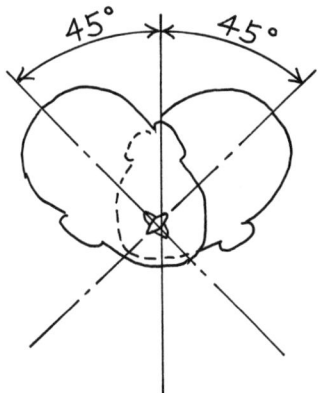

45°　45°

그림 5

양쪽 모두 고개를 45도씩 기울이면 입술끼리 직선으로 교차하게 되어 입술 블록이 딱 맞게 맞물린다.

남자는 자기의 약한 모습을 드러낸 여자에게서 못 빠져나온다.

-네티즌 ID: kalsu

입술로 상대의
혀끝을 끼워
꼼짝 못하게 누르기

상대방이 길게 늘인 혀를 '이'나 '입술'로 가볍게 깨물어 고정시킨 다음 혀끝으로 상대의 혀끝을 할짝할짝 자극하는 키스.

리드하는 쪽은 혀끝과 입술 앞쪽에서 상대방 혀의 단단함을 즐기고 받는 쪽은 혀끝으로 리드하는 쪽 혀끝의 단단함을 즐긴다. 그리고 혀의 가운데 부분에서는 상대방 입술의 부드러움을 느낄 수 있기 때문에 한 번에 두 가지 감촉을 즐길 수 있다. 더욱이 리드하는 쪽이 받는 쪽의 혀끝을 꼼짝 못하게 누르는 형태가 되기 때문에, 리드하는 쪽은 사디스트적인 즐거움을, 받는 쪽은 마조히스트적인 기쁨을 맛볼 수 있다.

진행방법은 다음과 같다.

①정면으로 마주본다.

②서로 얼굴을 가까이 하면서 눈을 감는 동시에, 리드 받는 쪽이 혀끝을 입 밖으로 내민다.

③서로 얼굴이 충분히 가까워져 리드 받는 쪽의 입술과 맞닿을 때까지 왔다면 리드하는 쪽은 입술을 살짝 벌린다.

④그대로 더욱 얼굴을 가까이 하고 살짝 벌린 입술로 받는 쪽의 혀끝을 문다.

⑤받는 쪽의 혀끝을 물었다면 리드하는 쪽은 입술을 다 물고 상대의 혀끝을 꽉 누르듯 위아래 입술로 끼워 넣는다.

⑥입술을 끼워 넣은 채로, 앞의 〈혀끝 키스〉의 스킬을 사용해 혀끝끼리 비벼 문지른다.

그림 1

서로 얼굴을 가까이 하면서 리드 받는 쪽이 혀를 내민다. 이때 받는 쪽이 혀를 되도록 길게 해서 똑바로 내밀면 리드하는 쪽이 혀를 끼우기 쉬워진다.

그림 2

리드하는 쪽은 상대가 내민 혀끝을 입술로 끼워 넣어 움직이지 못하게 한 후, 상대의 혀끝을 자신의 혀끝으로 간지럽게 자극한다. 이때 '이'로 물지 말고 입술만 끼워서 고정한다.

그림 3

혀를 잡아당길 때는 리드하는 쪽이 머리 전체를 뒤로 당기듯 움직인다.

이해하기 때문에 사랑하는 것이 아니다.

-톨스토이

kiss

쭉 내민 혀를 고개만 흔들어서 비벼 문지르기

혀는 힘을 주어 쭉 내민 상태에서 고정시키고 움직이지 않는다. 고개만 도리도리 흔들며 내민 혀끼리 비벼 문지른다. 이 키스는 섬세하게 움직일 수는 없지만, 반대로 모든 행동이 역동적으로 되기 때문에 격렬하고 와일드한 기분을 맛볼 수 있다.

방법은 ①정면으로 마주보고, ②서로의 혀를 내민다. ③ 내민 혀에 힘을 주고 쭉 늘여 단단히 하고, ④그 상태를 유지하며 얼굴을 가까이 한다. ⑤혀끼리 맞닿은 거리에 접근했다면 고개를 도리도리 흔들어 혀와 혀가 부딪히도록 비벼 문지른다.

주의할 점은, 각 단계별로 다음과 같다.

②혀는 되도록 길게 내민다. 이 키스에서는 섬세하게 움직일 수 없기 때문에 내민 길이가 짧으면 '헛스윙'의 비율이 높아져서, 사람에 따라서는 분위기가 깨지거나 애타는 마음이 생기기 쉽다.

③앞쪽으로 쭉 내밀 듯 혀에 힘을 주고 막대기처럼 팽팽하게 늘인다. 혀는 단단할수록 접촉할 때의 '이물감'이 높아져 그만큼 즐거움도 상승한다. 하지만 필요 이상으로 너무 힘을 주면 혀의 뿌리 부분이 저리고 피곤해져 쭉 뻗은 상태를 지속할 수 없게 된다. 이물감과 지속력이 조화를 이루는 적당한 상태를 찾아내보자.

④혀가 닿기 전부터 고개를 흔들면, 닿기 시작한 순간부터 움직이게 되는 소위 허를 찌르는 전개를 즐길 수 있다.

⑤고개 흔들기는 4가지. 좌우와 상하, 대각선 그리고 회전이다. 이런 움직임을 랜덤으로 조합시키면서 즐겨보자.

익숙해지기 전에는 한 사람만 고개를 흔들고, 다른 사람
은 혀를 내밀어 리드를 받는 것도 좋다. 그렇게 해서 서로의
타이밍이나 움직이는 버릇을 파악하고 난 후, 둘이서 동시
에 고개를 움직이는 키스로 나아가도 좋겠다.

그림 1

혀는 힘을 주어 팽팽하게 늘인다. 길게 내미는 편이 서로 닿기 쉽고, 힘을
주어 단단하게 만드는 편이 닿을 때의 '이물감'도 확실히 느낄 수 있다.

~고개 흔들기 4가지 방법 ~

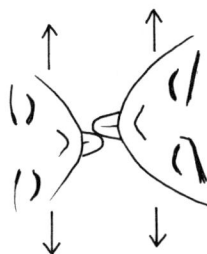

그림 2

1. 도리도리 액션 ① : 좌우

그림 3

2. 도리도리 액션 ② : 상하

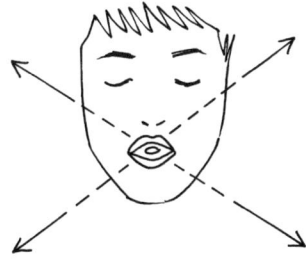

그림 4

3. 도리도리 액션 ③ : 대각선

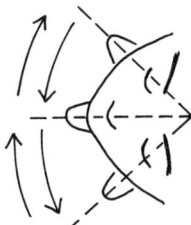

그림 5

4. 도리도리 액션 ④ : 회전

사랑은 규칙을 알지 못한다.

-몽테뉴

치열의 작은 단차를
혀끝으로 느끼며
덧그리듯 문지르기

혀끝으로 이의 표면을 따라 덧그리듯 문지르는 것으로, 치열의 울퉁불퉁한 단차를 즐기는 키스.

순서는 다음과 같다. ①정면으로 마주보고, ②눈을 감으면서 얼굴을 가까이 하는 동시에 입술을 살짝 벌린다. ③서로 얼굴이 충분히 접근했다면 그 상태에서 입술을 겹치고, ④입술이 밀착했으면 리드하는 쪽만 혀끝을 내민다. ⑤리드받는 쪽의 입안으로 혀를 밀어 넣고, ⑥이의 표면을 혀끝으로 그림 그리듯 핥으면 키스의 완성.

①부터 ③까지의 전반은 〈인사이드 키스〉와 거의 같다. 다른 점은 후반. 이 키스에서는 혀끝을 상대의 입안에 넣는 것이 한 사람 뿐이다.

〈인사이드 키스〉와는 완전히 다른 〈치열 키스〉의 방법도 있다. 하는 방법은 ①정면으로 마주보고, ②눈을 감으면서 얼굴을 가까이 하는 동시에 입술을 살짝 벌린다. ③어느 정도 얼굴끼리 접근했다면 리드하는 쪽만 혀끝을 내밀어, ④리드 받는 쪽의 입안으로 넣어, ⑤이의 표면을 혀끝으로 따라 그리듯 핥으면 완성. 여기서는 얼굴이나 입술을 맞대지 않은 상태에서 치열만 핥아주는 것이 포인트. 리드하는 쪽이 행동을 취하기 쉽게 입술을 벌려도 좋다. 입술을 벌려서 이를 드러낼 때는 위 아랫니를 맞물리게 하면 더욱 진행하기 쉬워진다.

보다 좋은 키스를 목표로 한다면, 리드하는 쪽은 혀끝을 천천히 움직였으면 한다. 그렇게 하면 치열의 단차를 보다 확실히 느낄 수 있기 때문이다. 치열을 따라 덧그릴 때는 리드 받는 쪽이 입을 벌린 상태에서 윗니의 치열과 아랫니의 치열을 각각 따로따로 핥아도 좋고, 이가 맞물린 상태에서 위아래를 함께 핥아도 좋다. 이가 맞물린 상태에서 위아래를 같이 핥으면 치아의 단차도 즐길 수 있다.

그림 1

리드하는 쪽이 팽팽하게 편 혀의 앞쪽 끝으로, 자연스럽게 다문 상대의 치열을 덧그리듯 핥는다.

그림 2

리드 받는 쪽은 위 아랫니를 가볍게 맞물리게 하고 있어도 좋다. 입을 벌리고 있으면 리드하는 쪽은 위 아랫니를 각각 따로따로 핥게 되어 움직임에 변화를 줄 수 있다.

그림 3

받는 쪽은, 리드하는 쪽이 진행하기 쉽도록 입을 벌려 치열을 드러내도
좋다. 이때 위 아랫니가 맞물려서 닫혀 있으면 치열의 노출도가 커진다.

만약 한 사람의 인간이 최고의 사랑을 성취한다면
그것은 수백만 사람들의 미움을 해소시키는 데 충분하다.

-간디

kiss

혀끝으로 **반들반들** 매끄러운 잇몸 **감촉 즐기기**

리드하는 쪽이 혀끝으로 리드 받는 쪽의 잇몸이나 입술 안쪽의 점막을 핥는 키스.

리드하는 쪽은 반들반들하고 매끄러운 잇몸의 감촉을 혀끝으로 즐기고, 받는 쪽은 민감한 잇몸이 자극될 때 생기는 간지럽고 독특한 기분 좋은 느낌을 맛볼 수 있다.

하는 방법은 ①정면으로 마주보고, 눈을 감으면서 천천히 얼굴을 가까이 한다. ②얼굴을 가까이 하면서 서로 가볍게 입술을 벌린다. ③얼굴끼리 충분히 접근했다면, 그 상태로 입술을 겹친다. ④살짝 벌린 입술로 리드하는 쪽만 상대의 입안으로 혀끝을 넣는다. ⑤리드하는 쪽은 혀끝으로 상대의 잇몸 표면과 입술 안쪽의 점막으로 생긴 '주머니'에 혀끝을 끼워 넣는다. ⑥리드하는 쪽은 그 주머니를 더듬어 찾듯이 끼워 넣은 혀끝을 움직인다. 이것으로 키스의 완성.

①~③을 진행하는 중에는, 얼굴을 가까이 할 때 고개를 기울여도 좋고 정면에서 똑바로 한 상태여도 좋다. 단 한쪽이 기울였으면 다른 쪽도 기울이고, 한쪽이 똑바로 정면을 보고 있는 상태라면 다른 쪽도 같은 모습을 유지하여 두 사람의 고개 각도를 똑같이 맞추는 것이 중요하다. 또 ④의 시점에서는, 받는 쪽은 혀를 움직이지 않고 가만히 있는 편이 리드하는 쪽이 진행하기 쉽지만, 리드하는 쪽이 혀끝을 점막 주머니에 끼워 넣는 것을 완료한 ⑤~⑥ 단계에서는 받는 쪽도 혀를 내밀어 리드하는 쪽의 혀에 휘감기듯 적극적으로 움직여도 좋다.

이 키스는 당연히 윗니와 아랫니 양방향 모두 가능하다. 처음에는 혀끝을 끼워 넣기 쉬운 앞니 주변부터 시작해서

점점 능숙해지면 아랫니 주변, 나아가 윗니의 어금니 방향,
아랫니의 어금니 방향으로 행동 범위를 넓혀 가도 좋다.

그림 1

사선 부분이 '주머니'

그림 2

리드하는 쪽은 상대의 '주머니'에 혀끝을 끼워 넣고 더듬어 찾듯이 핥는다.

그림 3

아랫니의 주머니를 핥을 때는 리드하는 쪽이 턱을 당겨 허를 조금 아래
로 향하게 하면 진행하기 쉬워진다.

리드하는 쪽/ 리드 받는 쪽 판단 방법

기법에 있어서 부드럽게 키스를 진행하기 위해서는, 리드하는 쪽(공격 측)과 리드 받는 쪽(수비 측)을 명확하게 해둘 필요가 있다. 먼저 얼굴을 가까이 하거나, 파트너의 머리 뒤로 손을 감싸 가까이 끌어당기거나, 또는 파트너의 턱을 손가락 끝으로 들어 올리는 행동으로 리드하려는 의지를 표명할 수 있다. 반대로 눈을 감고 다문 입술을 내밀어 키스를 요구하면 리드 받는 쪽이 된다.

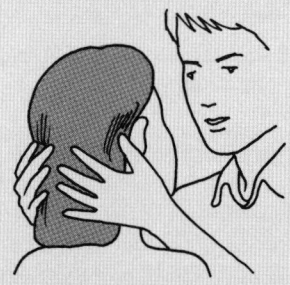

그림 1

파트너의 머리 뒤를 자연스럽게 편 손바닥으로 감싸듯 댄다.

그림 2

다문 입술을 파트너를 향해 내밀듯 턱을 들어 올리면, 적극적으로 받는 쪽임을 어필할 수 있다. 이때 반드시 눈을 감을 것.

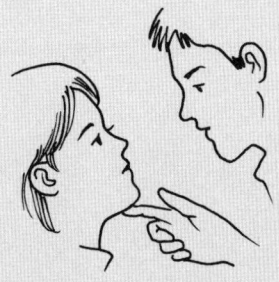

그림 3

파트너의 턱 아래에 집게손가락을 대고, 키스하기 쉽도록 얼굴 각도를 조절하거나 얼굴을 당기면 리드하는 쪽이 되려는 의사 표시가 된다. 집게손가락 뿐만 아니라 집게손가락과 엄지손가락으로 턱 앞쪽을 가볍게 들어 올리는 것도 괜찮다.

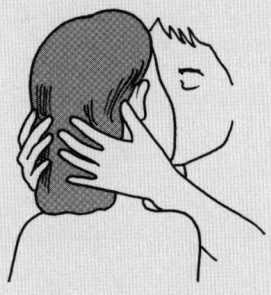

그림 4

그대로 머리를 자신 쪽으로 끌어당기는 것으로도 리드 관계를 명확히 할 수 있다.

Chapter_03

통통 튀는 다이나믹 키스

kiss

긴 물체의 양쪽 끝부터
조금씩 갉아먹으며
우연히 만나기

파스타 한 가닥 또는 길게 자른 야채, 빼빼로와 같이 먹을거리 중에서 길이가 긴 것을 양쪽 끝에서 각각 먹으며 얼굴을 가까이 하면 최종적으로 입술이 겹쳐지게 된다. 입술이 닿는 포인트에 다다르기까지, 그 두근거림을 만끽하는 키스. 동시에 '누가 누가 많이 먹었나~ 파트너 쪽이 많이 먹었으니 파트너 쪽이 안달 났네' 등과 같이 파트너를 놀리거나 먹는 속도를 조절하여 접촉 위치를 흥정하는 유희를 즐기는 것도 가능하다.

하는 방법은 먼저 ①빼빼로 한 개나 파스타 한 가닥 등, 먹을거리 중에서 길이가 긴 것을 준비한다. ②서로 각각의 끝을 잡고, ③시작 신호와 함께 양쪽 끝부터 각자 갉아먹기 시작한다. ④먹으면서 접근하고, ⑤다 먹으면 자동적으로 입술이 닿게 되어 키스 완성.

①에서 준비한 먹을거리는 길면 길수록 좋다. ②번이나 ③번에서 먹을거리를 잡을 때는 이로 물지 말고 반드시 입술 끝으로 물 것. 입술로 물어야 갉으며 조금씩 먹어도 먹을거리가 입에서 빠지지 않기 때문이다. 이로 물어서 잡고 있으면 갉아먹을 때 먹을거리가 빠지기 쉽고, 최종단계인 ⑤에 도달할 수 없게 된다. ④에서는 서로 초조하게끔 조금씩 먹는 것이 이상적이다. 닿는 지점에 도달하기까지 시간이 오래 걸릴수록 기다리는 시간 자체만으로도 흥분되기 때문이다. ⑤에서 입술이 겹쳐졌으면 그 상태를 유지하면서 다른 키스로 진행되어도 좋다. 딥 스타일의 키스로 전개한다면 입안에 남아 있는 먹을거리는 삼켜버리고 싶겠지만 굳이 먹지 않고 125페이지의 〈사탕 키스〉로 이어져도 좋다.

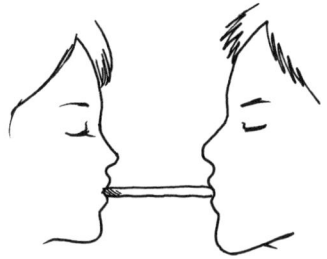

그림 1

긴 먹을거리의 끝을 입술로 물고,

그림 2

조금씩 먹으면서 얼굴끼리 가까이 다가가며,

그림 3

먹을거리가 없어진 시점(다 먹은 시점)에서 자연스럽게 입술을 겹친다.

그림 4

먹을거리는 이가 아닌 입술로 잡는다. 이는 어디까지나 먹을 것을 없애기 위해서만 사용한다.

그림 5

삶은 파스타처럼 부드러운 것은 잡기 힘든 만큼 난이도가 높다. '입술이 맞닿기 전'에 먹을거리를 떨어뜨렸다면 먼저 입에서 먹을거리를 '떨어뜨린 쪽의 패배'라든가 '먹을거리를 손으로 잡는 것도 반칙' 등의 규칙을 정하고, 룰을 어겼을 때의 벌칙 게임을 미리 정해두면 '시합'은 더욱 흥미진진해진다.

다른 사람으로부터 사랑을 받지 못하는 사람은
다른 사람을 사랑하지 않는다.

-라파데르

박하사탕을 먹으며 상쾌함을 느끼는 키스

박하사탕이나 호올스 같은 멘톨 사탕을 먹으면서 하는 키스로, 멘톨 특유의 기분 좋은 청량감이나 상쾌함을 느낄 수 있다.

순서는 다음과 같다.

①둘 중 한쪽이, 혹은 둘 다 박하사탕을 입에 넣는다.

②사탕이 녹아서 '시원한 느낌'이 느껴질 정도가 되었으면 딥 키스를 한다.

위와 같이 방법은 심플 그 자체이다.

두 사람 모두 사탕을 먹으면 양이 늘어나는 만큼 청량감이나 상쾌함은 높아지고 둘 중 어느 한쪽만 먹으면 먹지 않은 쪽은 의외의 시원함을 맛보게 되어 놀라움과 즐거움이 커져 이 방법도 나름대로 즐겁다.

멘톨 제품을 먹으면서 진행하는 키스는 〈제2장 딥 키스〉에서 소개한 키스와 부합시키면 더 좋다. 특히 한쪽만 사탕을 먹으며 진행하는 경우, 멘톨의 맛을 담은 침이 파트너의 혀와 입술, 입안 점막에 닿아야 청량감을 느낄 수 있기 때문이다. 또, 멘톨은 그 성질상 외부 공기에 접촉하는 면적이 넓을수록 청량감이 올라가기 때문에, 키스를 할 때에는 입을 다물지 않도록 주의한다. 오히려 가끔은 겹쳐진 입술의 틈새로 외부 공기를 흡입하거나, 키스하는 도중에 〈혀끝 키스〉의 과정을 끼워 넣어서 의식적으로 침에 젖은 점막이나 혀를 외부 공기에 접촉시키는 것이 좋다.

그림 1

가끔 입술의 틈새를 넓혀서 그곳으로 외부 공기를 집어넣으면 시원할 정도의 상쾌함을 맛볼 수 있다.

그림 2

사탕이 커서 다 먹지 못하고 남긴 경우, 혀의 안쪽(혀의 밑)에 넣어두고 키스하는 방법도 있다. 청량감을 느끼고 싶다면 그때마다 사탕을 혀 위로 올려 침에 멘톨 성분을 녹여내면 오랜 시간 시원한 느낌으로 즐길 수 있다.

사랑이 없는 섹스는 자위행위보다 못하다.

−영화 〈비트〉 중

사탕 한 개를
입에서 **입으로 옮기기**

사탕같은 딱딱한 것을 파트너에게 입으로 옮겨서 건네는 키스. 입이나 혀로 다루기 쉬운 작고 간단한 음식, 짠맛이 나는 것보다는 단맛이 나는 것부터 도전하면 저항 없이 터득할 수 있다. 예를 들어 얼음이나 얼음 아이스크림, 생크림, 마시멜로, 젤리, 초콜릿(초콜릿 바를 쪼갠 것도 좋지만 추천하고 싶은 것은 한 개씩 포장되어 있는 아몬드 초콜릿), 딸기나 포도 등이 있다.

입으로 옮길 때에는 얼굴을 기울여 자연스럽게 떨어뜨리거나 혀로 밀어내는 동작이 기본이 된다. 응용기술로써,

파트너의 입안에서 진공청소기로 빨아내듯 하거나 압축기와 같은 기세로 파트너의 입안에 넣는 방법도 있다. 하지만, 흡입한 경우든 밀어낸 경우든 자칫 힘 조절에 실패하면 음식물이 본인이나 파트너의 목까지 들어갈 수 있으니, 목구멍이 막히지 않도록 가하는 힘과 기세 조절에 충분히 주의해야 한다.

위와 같은 순서가 익숙해졌으면 음식 하나를 왕래시키는 게 아니라 양쪽 모두 각각 한 개씩 입안에 넣고 동시에 교환하는 기술에도 도전해보자. 오렌지와 자몽, 딸기와 파인애플. 또는 쓴 초콜릿과 화이트 초콜릿, 생크림과 바닐라 아이스크림. 이와 같이 믹스시켜 새로운 맛이 만들어지도록 서로 입에 넣을 음식물의 매칭을 고려한 후 선택하면 〈사탕 키스〉의 세계는 넓어진다.

게다가 최상급자용으로써, 〈빼빼로 키스〉에서 〈사탕 키스〉로 넘어오는 방법도 있다. '이'로 잘라낸 빼빼로나 파스타를 삼키지 말고 모아둔 후, 눅눅한 상태에서 넘겨주듯 서로 교환하는 것이다.

그림 1

기본동작 1.
얼굴을 비스듬히 하여 자연스럽게 떨어뜨린다 : 음식을 머금은 쪽(=내보
내는 쪽)이 아래를 향해 입을 벌리고, 그 아래에서 받는 쪽이 입을 벌리고
기다린다.

그림 2

음식은 만유인력의 법칙에 따라 자연스럽게 떨어져 입안으로 이동한다.
이때 내보내는 쪽은 음식을 둔 혀의 경사를 바꾸어 떨어지는 각도를 미
세하게 조정하면 파트너의 입에 음식을 깔끔하게 떨어뜨릴 수 있다. 이
동작에서는 음식 상태에 따라 다르지만, 기본적으로는 천천히 떨어뜨리
기 때문에 대기하는 쪽은 두근두근하는 기대감도 높아진다.

그림 3

기본동작 2.
혀로 밀어낸다 : 오므린 혀의 앞쪽에 음식을 배치하고,

그림 4

혀를 늘이는 동작으로 파트너의 입안에 음식을 밀어낸다. 이때 입술(특히 아랫입술)은 되도록 틈새가 없도록 딱 맞추어 밀착시켜둔다. 또 내보내는 쪽은 음식뿐만 아니라 혀도 함께 파트너의 입안에 넣으면 입 옆으로 떨어뜨리는 일 없이 깔끔하게 보낼 수 있다.

남자는 여자와 물건을 소중히 할 줄 알아야 한다.

-영화 〈1리터의 눈물〉 중

두 사람의 입으로
입술 사이에 끼워둔
과일 짜내기

두 사람의 입 사이에 과일을 끼워 과즙을 쥐어짜듯 양쪽에서 누르는 키스.

①누구든 한쪽이 입술로 과일을 물고, ②그 상태에서 파트너와 정면으로 마주하고, ③천천히 얼굴을 가까이 한다. ④얼굴을 가까이 하면서 과일을 물고 있지 않은 사람도 살짝 입술을 벌리고, ⑤물고 있지 않은 사람의 입술에도 과일이 닿았으면 그 상태를 유지하며 두 입술로 마치 주스를 짜내듯 과일이 으깨질 때까지 누른다.

①~④에서는 서로 과일을 물지 않고 얼굴을 가까이 할 때나 이미 다른 키스를 하고 있는 동안 누군가가 손으로 두 사람의 입술 사이에 과일을 넣어 준비시켜도 상관없다.

또 ⑤에서는 파트너의 얼굴을 누르듯 과실을 압착시키는 것 이외에 서로 밀면서 동시에 입술로 동그라미를 그리듯 머리를 움직여도 즐겁다. 이 때 주의할 점은 두 가지. 첫째, 이로 잘게 씹지 않을 것과 둘째, 누르는 도중에 떨어뜨리지 않는 것이다. 그리하여 과일이 충분히 으스러졌다면, 으깨진 과일을 이용해서 〈사탕 키스〉로 옮겨 진행하는 것도 좋다. 사용하는 과일로는 딸기나 거봉, 머스캣(muscat) 포도로 불리는 작은 알갱이 상태의 과일 이외에 껍질을 벗긴 오렌지 조각이나 자몽, 적당한 크기의 깍두기 모양으로 자른 망고나 파파야 등도 제격이다. 이 키스에서는 과즙 때문에 서로의 입가가 끈적끈적해지는 것은 피할 수 없지만, 입 주변에 닿은 과즙을 서로 빨거나 핥아주면 더욱 분위기가 무르익게 된다. 따라서 과즙을 듬뿍 머금은 과일을 고르는 게 좋다. 단, 과일은 딱딱한 정도의 차이가 심하고 의외로 딱딱해 으깨기

힘든 것도 있으니 충분히 숙성된 것을 고르자. 슈크림 빵이

나 마시멜로처럼 부드러운 것으로 감각을 길러도 좋겠다.

그림 1

한쪽이 입에 문 상태에서 시작하는 경우, 물고 있는 쪽은 과일 등을 이
로 물지 말고 입술로만 물어서 유지한다.

그림 2

두 사람의 입술과 입술로 서로 꽉 눌러 과일을 압박한다. 리드 받는 쪽
도 가볍게 입을 벌려 두면, 과즙이 입안으로 흘러들어오기 때문에 입가
가 많이 끈적거리지 않아서 좋다.

132

남자는 정말 어리석고 단순한 존재이다.

-서머셋 모옴

kiss

키스를 하면서
상대방의 입안에
공기를 불어넣어주는 키스

파트너의 입안 공기를 빨아들이거나, 반대로 파트너의 입에 공기를 불어넣어 서로 숨을 최대한으로 느끼는 키스. ①정면으로 마주하고, ②서로 얼굴을 가까이 하며 동시에 눈을 감으면서 입을 살포시 연다. ③얼굴끼리 접근했으면 그 상태에서 살짝 벌린 서로의 입술을 겹쳐, ④입술과 입술을 닿게 한 상태에서 파트너의 입안의 숨을 빨아들이거나, 혹은 파트너의 입안에 숨을 불어넣는다.

①~③은 〈인사이드 키스〉와 동일. 따라서 ③~④단계에

134

서는 파트너의 입안에 혀를 넣거나 혹은 두 사람이 혀를 휘감아도 된다. 단, 혀를 길게 내민 상태에서는 숨을 들여 마시거나, 내뿜는 것이 약간 어려워진다. 바람의 압력이나 숨의 방향을 미세하게 조정하면서 빨아들이거나 불어넣는다면, 적어도 흡입하거나 불어넣는 순간만이라도 혀의 움직임은 일단 멈추는 것이 가장 좋다. 공기를 불어넣을 때는 혀의 형태를 바꾸면 내쉬는 숨의 방향을 조절할 수 있게 된다. 혀를 휘감은 채 입술 모양을 바꿔서 숨을 내보내는 방향을 정하는 방법도 있지만, 제3자가 보기에 별로 아름다운 모습이 아니므로 주의를 요한다.

그러나 정말로 주의했으면 하는 점은 빨아들이기와 불어넣기 모두 지나치게 하지 않는 것이다. 특히 〈밀폐 키스〉처럼 서로의 입술을 틈새 없이 딱 맞게 밀착시킨 상태에서 강하게 숨을 빨아들이면 호흡기관이나 귀, 코 등에 피해를 줄 가능성도 있기 때문에 절대로 하지 말아야 한다. 이 키스는 어디까지나 가볍고 부드럽게. 서로의 입술 틈새가 조금 넓게 있는 편이 안심하고 키스에 몰두할 수 있다.

그림 1

〈인사이드 키스〉와 같이 살짝 벌린 입술끼리 자연스럽게 겹치면서 부드럽게 빨아들인다.

그림 2

내보내는 경우에도 〈인사이드 키스〉와 같이 자연스럽게 입술을 맞대고 가볍게 숨을 불어넣는다. '후~' 하고 숨을 길게 보내거나, 혹은 '후, 후, 후……' 연속으로 조금씩 내보내 리듬에 변화를 주어도 좋다.

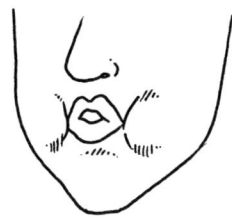

그림 3

'빨아들이기/불어넣기' 모두 입술을 오므리면 공기의 흐름은 좁고 날카로워지며, 입을(특히 옆 방향으로) 여는 느낌을 주면 넓고 완만해진다.

그림 4

혀를 물받이처럼 말고 입안의 가까운 쪽이나 안쪽 끝, 측면, 혀 위쪽 등으로 정확하게 핀트를 잡아 숨을 불어넣는 방법도 있다.

남자의 마음을 자극하는 단 하나의 사랑의 명약,

그것은 알뜰하고 진심에서 오는 배려다.

남자는 언제나 그것에 굴복한다.

-메난드로스

파트너의 **다문 입술**에
혀끝을 **비틀어 넣기**

한쪽의 다문 입술 틈새에, 다른 한쪽이 혀끝을 돌리며 억지로 밀어 넣는 키스.

순서는 다음과 같다.

①서로 입술을 다문 채 정면으로 마주본다.

②리드 받는 쪽은 눈을 감는 것 이외에는 그 상태 그대로 작은 미동조차 하지 말고, 리드하는 쪽만 눈을 감으면서 상대에게 얼굴을 가까이 한다.

③리드하는 쪽은 파트너의 얼굴에 접근하면서, 조금씩 혀를 내민다.

④충분히 거리가 좁혀졌으면 리드하는 쪽은 혀끝을 리드 받는 쪽의 입술 틈새에 비틀어 넣는다. 이러한 흐름으로 진행한다.

리드하는 쪽은 혀에 힘을 주어 가능한 한 딱딱하고 뾰족하게 만들면 비틀어 넣기 쉽다. 또 혀를 축으로 얼굴을 회전시키듯 움직이면 혀끝이 드릴 같은 움직임이 되어, 단단하고 견고하게 닫힌 입술이라도 깊숙이 넣기 쉬워진다. 이외에도 위아래로 물결치듯 혀 자체를 움직이는 방법도 있다. 회전 드릴 운동과 물결치기 운동을 조합해서 '침입 게임'을 즐겨보자.

받는 쪽은 자연스럽게 입술을 다물고 있어도 상관없지만, 리드하는 쪽이 혀를 쉽게 넣지 못하도록 입술에 힘을 주어 꽉 다물면 게임의 느낌이 더해져 즐거워진다. 입술에 힘을 주는 것 말고도 리드하는 쪽의 혀끝에서 도망치듯이 입술을 비틀거나 들어오려고 하는 혀끝을 뿌리치듯 움직이는 등, 리드하는 쪽의 침입을 막는 움직임을 함으로써 장기공

방전을 즐겨도 좋다. 넣는 쪽도 받는 쪽도 공방전을 즐긴 후에는, 혀가 '미끈미끈'하게 들어가는 독특한 감촉을 맛볼 수 있을 것이다.

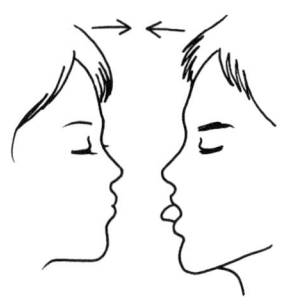

그림 1

리드하는 쪽만 혀끝을 내밀고 받는 쪽(방어 측)은 자연스럽게 입을 다문 상태로 얼굴을 가까이 한다.

그림 2

리드하는 쪽의 혀끝이 받는 쪽의 입술에 닿았다면 게임 시작! 받는 쪽은 이를 악물 듯 입을 다물어 방어력을 높여도 재밌게 즐길 수 있다.

그림 3

혀끝이 비집고 들어갔다면 게임 종료. 그 상태를 유지하면서 딥 키스로
연결해도 좋고 다시 입술을 떼어 2차전으로 가도 좋다.

그림 4

리드하는 쪽이 딱딱하고 뾰족하게 만든 혀끝을 물결치듯 움직이면 비집
고 들어가기 쉬워진다.

진정 사랑에 빠진 남자는 여자 앞에서 어쩔 줄 몰라서
제대로 사랑 고백을 하지 못한다.

-칸트

액체 한 모금을
입에서 입으로 **옮기기**

음료를 입에서 입으로 옮겨 마시게 하거나 주고받는 키스.

한쪽이 혹은 서로가 음료를 입에 머금고, ①고개를 기울여서 자연스럽게 흐르게 하거나, 혹은 ②불어넣어 파트너의 입으로 옮긴다.

①은 서로의 얼굴을 지면과 수평으로 만들어 위아래로 겹쳐 '높은 곳에서 낮은 곳'으로 자연스럽게 흐르도록 떨어뜨리는 방법이다. 이외에도 얼굴을 정면으로 마주보고 선 상태에서 위아래 입술을 조금만 비켜놓고, 높은 쪽이 혀를

안쪽으로 접도록(단면이 V자가 되도록) 해서 자연스럽게 흘려 떨어뜨리는 방법이 있다. ②는 입술을 가볍게 오므려 '훅'하고 부는 것인데, 힘을 너무 세게 주면 받는 쪽의 목 안으로 음료가 갑자기 많이 들어가 파트너의 목이 메어버리는 경우도 생길 수 있으니 주의하자.

사용하는 음료는, 따뜻한 것보다는 차가운 것이 더 저항 없이 진행된다. 또 장시간 하고 있으면 미지근해지거나 침이 섞여 많이 끈적거리기 때문에, 경우에 따라서는 저항감이 생겨 삼키기를 거부하게 된다. 몇 번 서로 교환했다면 한쪽 혹은 서로가 나눠 삼켜서 부지런히 새로운 음료로 바꾸는 것이 좋다.

각자 다른 음료를 입에 머금고, 서로 교환하면서 섞어 새로운 맛을 만드는 것도 즐겁다. 카시스와 오렌지 주스로 '카시스 오렌지'를, 보드카와 자몽으로 '모스크바 뮬' 칵테일을…… 등등. 두 사람의 입안에서 칵테일을 만드는 것도 좋다. 이때 주의할 점은, 입에 머금은 음료의 분량. 두 사람이 서로 입에 머금기 때문에 섞였을 때의 양이 너무 많아지면 입에서 넘쳐버릴 가능성도 있기 때문이다. 그것도 그 나름대로 의도적으로 한다면 즐겁지만, 의도한 바가 아니라면 믹스했을 때의 분량을 고려하여 처음 입에 머금을 양을 정해두는 것이 좋다.

그림 1

* 받는 방식 1
고개를 기울여서 자연스럽게 흐르게 한다.

그림 2

* 받는 방식 2
바람을 불어넣듯 옮긴다.

그림 3

* 받는 방식 3
얼굴을 정면으로 한 상태에서 겹치지 않도록 : 이런 경우, 서로 아랫입술을 쭉 내미는 느낌으로 하면 입 밖으로 흘리지 않고 옮길 수 있다.

그림 4

응용기술로써 주스 등을 사용하지 않고 '침'만을 교환하는 방법도 있다. 포인트는 깨끗한 침을 듬뿍 만들어서 모으는 것. 사전에 수분을 듬뿍 섭취하고 키스 직전에 레몬 등의 신맛이 강한 감귤류를 한번 핥아주면 끈적임 정도가 낮아져 신선한 침이 대량으로 분비된다. 감귤류를 핥지 않아도 레몬이나 매실을 생각하는 것만으로 침이 고이는 효과가 있다.

태도 · 자세 : 응용편

키스는 정면으로 마주보지 않더라도 할 수 있다. '비정면형'의 대표적인 예는 '배후형'. 한쪽이 파트너를 뒤에서 꽉 껴안고, 안긴 쪽은 고개를 돌려 뒤를 향해 키스를 한다. 엎드려 눕거나 위를 향해 누운 상태에서도 키스는 즐길 수 있다. 두 사람이 가로로 누워 고개만 파트너가 있는 방향으로 90도 향하게 해서 입술을 겹치는 것이다. 이런 방법은 벤치 등에서 서로 옆으로 나란히 앉은 상태에서도 가능하다.

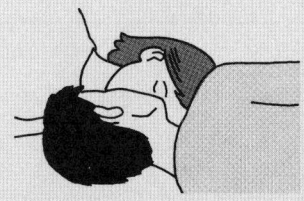

그림 1

서로 얼굴만 겹치게끔 옆으로 누워서 키스를 하는 방법도 있다. 이후에 〈스파이더맨 키스〉(192페이지 참조)를 해도 편안하게 소화할 수 있다.

그림 2

벤치 같은 곳에서 옆으로 나란히 앉은 상태로 고개만 파트너가 있는 옆 방향으로 돌려서 하는 키스. 대화에서 키스로 이끌어 진행할 때 사용한다.

그림 3

정면으로 선 상태에서도 변칙적인 분위기는 맛볼 수 있다. 한쪽이 얼굴을 들어 바로 위를 올려다보고 다른 한쪽이 얼굴을 덮치듯 키스하는 것. 신장차이가 큰 커플이라면 그 상태 그대로 해도 되고, 차이가 그다지 없다면 한쪽이 까치발을 세우면 된다. 의자에 앉아 있는 파트너에게, 혹은 계단에서 하기에 좋은 키스이다.

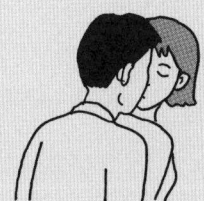

그림 4

배후형 키스. 뒤에서 안는 자세에서 키스로 진행하는데 최적의 형태. 목의 움직임이 제한되기 때문에 할 수 있는 키스 기술은 한정되지만, 신체의 밀착 면적이 압도적으로 넓은 것이 매력적이다.

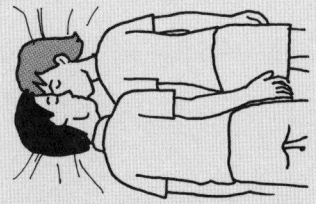

그림 5

두 사람이 엎드려서 누운 상태로 고개만 파트너가 있는 옆 방향을 향해 키스한다. 엎드리거나 위를 향해 누워서도 가능하고, 한쪽이 위를 향하고 다른 한쪽은 엎드린 변칙적인 상태로도 즐길 수 있다.

그림 6

두 사람이 세로로, 일렬로 엎드려서 고개만 세워서 하는 키스. 파란 하늘 아래, 잔디밭 위에서 진행한다면 청춘의 향기가 물씬 풍긴다.

Chapter_04

울트라 딥 키스

kiss

까칠까칠한 입안 천장을 혀끝으로 자극하기

한 사람이 혀끝으로 파트너의 입안 천장 부분을 간지럽게 자극하는 키스. 까칠까칠한 입안 천장의 점막은 간지러움에 민감한 부분이다. 리드 받는 쪽은 간지러움이나 가려운 듯한 느낌의 섹시한 기분을 맛볼 수 있고, 리드하는 쪽은 혀끝으로 까칠까칠 알알이 솟아오른 천장 부분의 독특한 감촉을 즐길 수 있다.

진행의 흐름은 ①정면으로 마주하고, ②천천히 얼굴을 가까이 하면서 서로 같은 방향으로 20도에서 45도 정도 고개를 기울인다. ③고개를 기울이면서 눈을 감는 동시에 입을 조금씩 벌린다. ④얼굴과 얼굴의 거리가 원하는 만큼 가까워졌으면 벌린 상태의 입술을 겹친다. 시작부터 여기까지는 〈인사이드 키스〉와 같다.

다른 점은 여기부터다. 벌린 입술을 겹쳤으면, ⑤리드하는 쪽만 파트너의 입안에 혀를 넣어, ⑥끼워 넣은 혀끝으로 파트너의 천장 부분을 핥는다. 이것으로 키스의 완성.

⑥에서는 리드하는 쪽은 혀끝을 숟가락처럼 오목한 상태로 만들면 천장 부분을 큰 무리 없이 핥기 쉬워진다. 이때 혀끝에 힘을 주어서 딱딱하게 하면 리드 받는 쪽의 자극도 강해진다. 혀끝이 천장 부분에 닿았다면, 그 후엔 때로는 강하게 · 격하게 · 빠르게, 어떤 때는 부드럽게 · 섬세하게 · 천천히 등 혀의 움직임에 강약을 주어 자극을 반복하면 된다.

입안 천장 부분은 일반적으로 앞의 치열 쪽보다는 안쪽 깊은 부분일수록 민감하기 때문에 간지러움도 증가한다. 민감한 부분을 자극하려면, 혀를 쭉 곧게 늘이고 입술을 꽉 밀착시키면 보다 안쪽으로 혀끝이 닿기 쉬워진다. 단, 민감한 부분을 너무 강하게 자극하면, 리드 받는 쪽이 숨이 막히거나 구역질을 할 수도 있으니 안을 핥으려면 부드럽게 하자.

그림 1

정통적인 딥 키스의 자세에서 리드하는 쪽이 혀끝을, 받는 쪽의 입안 천장 부분에 쭉 펴서 훑어가듯 핥는다.

그림 2

리드하는 쪽은 혀끝을 위로 쭉 밀어 올리는 이미지로 혀를 곧게 편다.

남자는 우리 여자들보다 더 힘들게 산다.
무엇보다 그는 우리 여자들을 상대해야 하니까.

-프랑수아즈 사강

혀 밑의 감춰진
말랑말랑한 부분,
'밀실' 휘젓기

한쪽이 혀끝으로, 파트너의 혀 밑에 있는, 아래턱의 움푹 들어간 부분을 휘젓는 키스. 앞에서 나왔던 〈천장 키스〉의 아래 버전이라고 할 수 있다. 입안의 혀 밑 '밀실' 부분은 천장 부분과 같다. 간지러움에 민감한 부분이지만, 촉감은 대조적으로 탱글탱글 아주 부드러워 리드하는 쪽은 혀끝으로 점막의 부드러움을 즐길 수 있다. 밀실에는 통상적으로 침이 고여 있기 때문에 키스를 할 때 느끼는 매끈매끈함도 입천장 부분보다 높다.

순서는 ①정면으로 마주하고, ②천천히 얼굴을 가까이 하면서 서로 같은 방향으로 20도부터 45도 고개를 기울여, ③동시에 눈을 감으면서 입을 조금씩 벌린다. ④얼굴과 얼굴의 거리가 가까워졌다면 벌린 입술을 겹쳐준다. 여기까지는 〈인사이드 키스〉나 〈천장 키스〉와 같다.

살짝 벌린 입술을 겹쳤으면 ⑤리드하는 쪽만 파트너의 입안에 혀를 집어넣고, ⑥밀어 넣은 혀끝을 파트너의 혀 밑에 잠입시켜 ⑦혀의 아랫부분의 움푹 패인 곳을 휘저어 섞는 듯이 혀끝으로 자극하면 키스의 완성.

후반도 리드하는 쪽의 혀끝이 공격하는 장소가 다른 정도이며 기본적으로는 〈천장 키스〉와 같은 동작이다. ⑥이나 ⑦에서 리드하는 쪽은 혀끝에 힘을 주어 단단하게 해두면 받는 쪽에게 주는 자극도 강해지는 점이나, 때로는 강하게·격렬하게·빠르게, 때로는 부드럽게, 섬세하게·천천히 등, 혀의 움직임에 강약을 주면 좋은 점도 앞장의 〈천장 키스〉와 동일하다.

〈천장 키스〉와 다른 점은 고개의 각도와 혀의 모양. 입술을 겹칠 때 리드하는 쪽은 받는 쪽 얼굴에서 약간 아래쪽을 향하면 혀의 각도를 맞춰야 하는 부담 없이 아래턱의 움푹 들어간 곳을 공략할 수 있다. 끼워 넣은 혀는 곧게 뻗은 상태로 한 후 혀끝만 위로 향하게 하면, '밀실'을 이리저리 휘젓고 돌릴 수 있는 가장 좋은 형상이 된다.

그림1

리드 받는 사람 혀 밑의 오목하게 들어간 부분에 리드하는 쪽이 혀끝을 잠입시킨다.

그림 2

받는 쪽은 얼굴을 수직으로 한 상태, 리드하는 쪽은 약간 아래를 향하게 하면 진행이 쉬워진다.

그림 3

리드하는 쪽은 혀 전체를 곧게 뻗은 상태로 한 후, 혀끝만 위로 향하게 하는 이미지로 혀를 단단하게 하면 '밀실'을 휘젓기에 최적인 형태가 된다.

남자는 애 아니면 개다.

-네티즌 ID: honda

kiss

안쪽에서 혀로 들어 올린,
부드러운 볼살에 느껴지는
혀의 단단함

한쪽이 파트너의 입안에 혀를 넣어 볼 안쪽 닿는 부분의 점막을 안쪽부터 혀 끝으로 여기저기 어루만지듯 핥는 키스. ①정면으로 마주보고, ②천천히 얼굴을 가까이 하면서, 고개를 기울이는 동시에 눈을 감으면서 입을 살짝 벌리고, ③얼굴끼리 원하는 거리에 왔다면, 그 상태에서 입술을 겹친다. 벌린 입술을 겹쳤으면, ④리드하는 쪽만 파트너의 입안에 혀를 찔러 넣고, ⑤혀끝으로 파트너의 볼 안쪽으로 펼쳐진 점막을 핥아 자극한다.

기울인 고개의 각도는 한 사람당 45도, 즉 두 사람의 얼굴이 직각으로 교차한 상태에서 입술을 겹친다. 그렇게 하면 리드하는 쪽은 혀를 자기 얼굴쪽으로 위로 들어올리기만 해도, 자동적으로 쉽게 파트너의 볼 안 점막에 혀를 접촉할 수 있다. 혀의 모양에 무리가 가지 않는 것은 물론, 혀의 움직임도 자유롭게 할 수 있다.

보통 혀를 펴는 정도라면, 입술 끝에서 2~3센티 안쪽을 핥는 정도에 머물지만 혀를 과감히 쭉 펴면서 입술끼리 강하게 밀착시켜주면 볼 안쪽의 중앙 부근까지 혀끝을 닿게 할 수 있다. 게다가 리드하는 쪽의 아랫입술이 리드 받는 쪽의 입꼬리에 아슬아슬하게 걸리도록 서로의 얼굴을 비스듬이 하여 입술을 겹치면, 볼 안의 보다 깊은 위치까지 혀끝을 넣을 수 있다.

리드하는 쪽은 볼살 안쪽 점막을 어루만지듯 핥는 것 이외에, 파트너의 볼을 안쪽에서 혀끝으로 밀어올려 볼록하게 만들 수도 있다. 이것을 파트너의 볼에 손을 대고 진행하면, 자신의 혀로 볼록하게 부풀어 오른 볼의 감촉을 즐길 수 있고, 또 리드 받는 쪽은 파트너에게 혀끝으로 밀어올린 느낌을 받으면서, 스스로 자신의 볼을 손으로 만지면 볼 아래에서 느껴지는 상대방 혀의 단단함을 즐길 수 있다.

그림 1

볼 안의 넓은 점막을 혀끝으로 애무. 안쪽에서 밀어 올려 볼록하게 만들면 볼살의 부드러움도 즐길 수 있다.

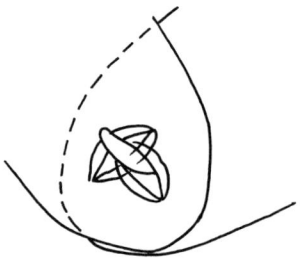

그림 2

리드하는 쪽의 아랫입술이 리드 받는 쪽의 입꼬리에 아슬아슬하게 닿도록 서로의 얼굴을 겹치지 않게 하면, 리드하는 쪽의 혀끝이 보다 깊은 위치까지 도달한다.

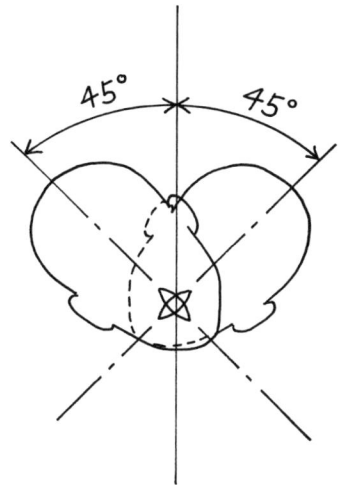

그림 3

한 사람당 45도씩 고개를 많이 기울여 직선으로 교차시키듯 입술을 겹치면 리드하는 쪽의 혀 움직임이 훨씬 자유로워진다.

그림 4

입가를 확대한 그림

만일 당신이 대부분의 남자들은 아이 같다는 것을 알게 되면
당신은 모든 것을 알게 되는 것이다.

-코코샤넬

kiss

곧게 뻗은 혀로,
펠라티오하듯 **입술 애무**하기

한쪽이 입 밖으로 길게 내민 혀를 파트너가 오므린 입술로 낼름거리며 밀고 당기는 등, 입술과 혀를 사용해서 펠라티오 하듯이 자극한다. 순서는 ①정면으로 마주보고, ②리드 받는 쪽만 혀를 내밀고, ③그 혀를 리드하는 쪽이 정면에서 입에 물고, ④입술이나 혀를 사용해서 애무한다. 이런 흐름이다.

리드하는 쪽은 파트너의 혀를 입에 물고 뒹굴뒹굴 밀고 당기기를 한다. 혀를 끼워 넣은 입술의 힘을 강하게 하는 것 이외에도, 입술을 오므려서 구멍을 작게 하는 등, 혀에 가해지는 압박 = 압착력에 변화를 준다. 이때 입술과 혀가 닿는 부분을 침으로 촉촉하게 해두면 잘 미끄러져 부드럽게 밀고 당기기를 할 수 있다. 단, 침이 너무 많으면 밀고 당기기를 하다 건조해지는 시점에 상당히 안 좋은 냄새가 나기 때문에 침을 묻히는 양에는 주의했으면 한다. 리드하는 쪽은 밀고 당기면서 동시에 입안에서 혀끝을 혀끝으로 찌르거나, 혀의 안쪽 근육을 혀끝으로 따라 그리거나, 전체적으로 혀를 휘감거나 하여 혀끼리 하는 애무도 소홀히 하지 않도록 한다.

혀를 내미는 쪽인 리드 받는 쪽도 가만히 있으면 안 된다. 되도록이면 혀를 길게 내밀도록 신경 쓰면서, 쭉 내민 혀에 힘을 주어 단단하게 만들거나 그 힘을 느슨하게 풀어서 부드럽게 만드는 등 파트너의 리드에 대응해주고 단단함의 정도에도 변화를 주어보자. 또 혀를 길게 내미는 것에 익숙해졌다면 그 상태를 유지하면서, 구불구불한 혀의 표면이 물결치듯 움직여보는 것도 좋다.

168

리드하는 쪽이 혀를 정면에서 무는 것 이외에도 옆으로 피리를 불듯 측면에서 새가 쪼는 것처럼 입술 끝에 끼워 자극하는 방법도 있다. 이 경우에는 리드하는 쪽이 새처럼 쪼면서 혀끝으로 할짝할짝 파트너의 혀에 자극을 준다. 리드 받는 쪽은 될 수 있는 한 혀를 움직이지 말고 힘을 주어서 길게 쭉 편 상태로 만들어 두면 파트너가 맞춰주기 쉽다.

그림 1

받는 쪽(그림의 왼쪽)이 내민 혀를 리드하는 쪽(그림의 오른쪽)이 입에 물어서 입술 애무.

그림 2

오물거리며 입술만으로 부드럽게 혀를 자극할 때 입술은 이렇게 오므려
진다.

그림 3

옆으로 피리를 불듯 혀의 측면부터 입에 무는 방법도 있다. 이런 '옆 물
기'와 정면에서 '전체 물기'를 적당히 번갈아가며 반복하는 것도 좋다.

남자가 여자의 사랑을 받는다고 판단하는 기준은
간단히 '섹스에 응하는가' 여부다.

-마이케 렌쉬 베르그너

kiss

파트너의 입에 단단하게
내민 혀를 밀고 당기기

리드하는 쪽이 내민 혀를 파트너의 입에 찔러 넣고 밀고

당기는 키스. 〈펠라티오 키스〉와 동작은 닮았지만 공격과

수비가 교체되어 혀를 내민 쪽이 공격수가 되고, 혀를 입에

문 쪽이 수비수가 된다.

　진행방법은 다음과 같다.

　①정면으로 마주본다.

　②서로 눈을 감으면서 얼굴을 가까이 하고, 동시에 리드

하는 쪽은 혀를 내민다. 받는 쪽은 입을 살짝 벌려 둔다.

172

③리드하는 쪽의 혀끝이 받는 쪽의 입술에 닿았으면 혀끝을 입에 찔러 넣어 그 상태 그대로 딥 키스가 된다.

④리드하는 쪽의 혀가 받는 쪽의 입안에 들어가 입술끼리 밀착됐다면 리드하는 쪽 혀의 뿌리 부분에 힘을 주어서 혀만 움직이도록 하여 받는 쪽의 입안에서 얕게 또는 깊게 혀를 밀고 당긴다. 이것으로 키스의 완성.

이 밖의 밀고 당기기 방법으로, 리드하는 쪽이 혀를 쭉 내민 채 고정하고 머리 전체를 앞뒤로 움직여서 하는 방법도 있다. 혀만 움직여서 밀고 당기는 방법에서는 항상 입술을 겹친 상태로 있었기 때문에 보다 높은 밀착감을 맛볼 수 있고, 혀를 고정해서 머리를 움직이는 방법에서는 항상 혀를 단단하게 만들어 놓은 상태이므로 딱딱한 물체가 왔다 갔다 하는 독특한 이물감을 즐길 수 있다 .

리드하는 쪽이 밀고 당기기를 전개하는 한편, 받는 쪽도 입술을 약간 강하게 다물거나 오므려서 구멍을 작게 하는 등, 파트너의 혀에 반작용적으로 가해지는 자극에 미묘한 변화를 주는 것도 좋다.

그림 1

혀만 움직여서 밀고 당기는 경우에는,

그림 2

깊게 넣고 있을 때에도, 당겨서 얕게 넣고 있을 때에도 입술은 항상 맞
닿아 있는 상태 그대로.

174

그림 3

혀는 쭉 펴서 내밀어 고정하고 머리를 앞뒤로 움직여서 밀고 당기는 경우에는,

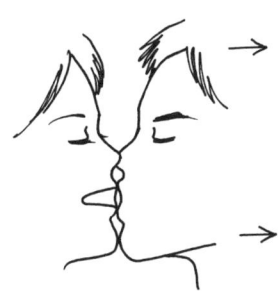

그림 4

깊게 넣었을 때만 입술이 맞닿는다.

남자는 손에 장미 꽃다발을 들고 있지만, 생각은 항상 페니스를 벗어나지 못한다.

-아지자A. (터키의 랩 가수)

서로의 혀와 입술을 번갈아가며 겹쳐 끼운다

소프트 키스의 〈와이드 스페이스 키스〉에 혀의 움직임을 더한 업그레이드 키스.

한쪽이 파트너의 입술 전체를 덮은 다음 입속에 혀끝을 찔러 넣어 서로의 혀와 입술을 번갈아 겹치며 끼운다. 서로 입술로 파트너 입술의 부드러움과 혀의 까슬까슬하고 말랑말랑한 느낌을 동시에 맛볼 수 있는 키스이다.

하는 방법은 한쪽이 파트너의 다문 입술 전체를 자신의 입술로 푹 덮는다. 그 상태에서 파트너의 입안에 단단하게 만든 혀끝을 비틀어 넣는다. 그렇게 하면 위부터 ①자신의 윗입술 ②상대의 윗입술 ③자신의 혀 ④상대의 아랫입술 ⑤ 자신의 아랫입술, 이런 5층의 샌드위치 상태로 서로의 입술 과 혀가 겹쳐 쌓인다. 샌드위치 상태가 되었다면 비틀어 넣 은 혀를 움직이거나 입술에 힘을 주어 위아래에 끼워 넣은 '재료'를 압박해서 즐긴다.

혀를 내민 쪽 = 리드하는 쪽이 언제나 입술을 가장 바 깥쪽으로 놓게 되기 때문에, 즉 〈밀당 키스〉와 달리, 혀를 밀고 당기는 사람이 혀의 안팎에 가해지는 압박을 조절할 수 있게 된다.

가장 바깥쪽이 되는 사람은 그날에 따라서 혹은 일정시 간을 두고 교대하는 것도 좋고, 몇 번 시험해봐서 서로 마음 에 맞는 쪽을 찾아내어 어느 한쪽으로 고정시켜도 좋다.

한쪽만 혀를 내밀면 5층이지만 서로 혀를 상대의 입안 에 찔러 넣으면 6층 샌드위치도 만들 수 있다. 이 경우 누구 의 혀가 위가 되고 누구의 혀가 아래가 되는지는 임의적이 다. 어쨌든 샌드위치를 만들기 위해서는 혀를 평평하게 밀어 넣어서 겹친다는 것을 마음에 새겨두자. 평평한 상태에서 찔러 넣고 겹쳐주면 반드시 한쪽의 혀 표면과 다른 쪽의 혀 안쪽면이 찰싹 달라붙게 되어 전체적으로 밀착되기 때문에, 이러한 독특한 감촉도 충분히 맛보아두자.

그림 1

전체적인 모습은 이렇게 된다.

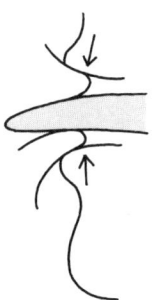

그림 2

접촉한 입가를 확대하면 이러하다. 이 그림은 한쪽만 혀를 내민 5층인 경우.

그림 3

입가를 정면에서 보면 이렇게 된다. 한쪽의 벌린 입이 다른 한쪽의 입 전체를 푹 덮고 있다.

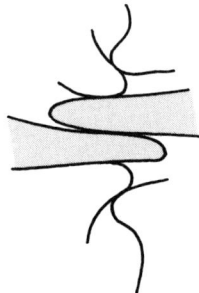

그림 4

입가의 단면 확대 그림. 이 그림은 서로 혀를 넣어 6층을 만든 경우.

여자에게 항상 강하게 보이려고 하는 태도가 바로 남자의 약점이다.

-힐데가르드 크네프

회오리처럼 **뱅글뱅글**
쭉 뻗은 혀를
맹렬하게 회전하기

파트너가 쭉 뻗어 내민 혀에 뱅글뱅글 빠르게 회전시킨 혀를 문질러 비빈다.

하는 방법은 다음과 같다.

①정면으로 한다. ②천천히 얼굴을 가까이 하면서 혀를 입 밖으로 내민다.

③혀끼리 제대로 접촉되는 거리까지 접근했다면, 서로가 내민 혀에 힘을 주어서 쭉 늘린다.

④리드하는 쪽이 혀를 뱅글뱅글 회전시키면서 파트너의

혀 표면을 핥으며 돌린다. 이것으로 완성.

혀를 내밀 때는 일단 할 수 있는 만큼 길게 입 밖으로 노출시키는 데 유의한다. 또 받는 쪽은 특히 내민 혀에 힘을 주어 가능한 딱딱하게, 또 가능한 똑바로 놓아둔다. 이는 혀가 긴 편이 혀끝부터 혀 뿌리까지 감는 데에 그만큼 시간이 걸리며, 시간이 걸리는 만큼 충분히 즐길 수 있기 때문이다. 또 일직선으로 단단하게 해 두는 것은 상대가 핥아도 흔들리지 않게 하기 위함이다. 또한 흔들기 어렵게 만들수록 리드하는 쪽은 핥는 것에 집중할 수 있다.

혀의 회전운동은 혀만 움직여서 해도 좋고, 혀를 내민 채 고정시켜 고개를 움직이는 것도 좋다. 어쨌든 파트너의 혀 전체에 혀끝으로 붕대를 감는 이미지로 혹은 나선을 그리는 이미지로 진행한다.

여기에서 한층 발전된 기술로써 서로 나선 운동을 하는 방법도 있다. 이때 한쪽이 오른쪽으로 회전시키면 다른 한쪽은 왼쪽으로 돌려서 두 사람의 회전 방향을 반대로 한

다. 둘이서 돌리면 혼자서 회전할 때보다 단순계산으로 2
배의 회전 속도가 되어 높은 스피드를 맛볼 수 있다. 단 이
것은 두 사람의 호흡이 맞지 않으면 불가능하다. 애정을
시험하는 키스라고도 할 수 있다.

그림 1

회전 운동을 혀로 하든 고개를 움직여서 하든 각자의 취향이지만, 혀끝
을 자극할 때와 혀 뿌리 부분을 자극할 때에는 얼굴끼리의 거리를 적당
히 떨어뜨리거나 가까이 하여 조절한다.

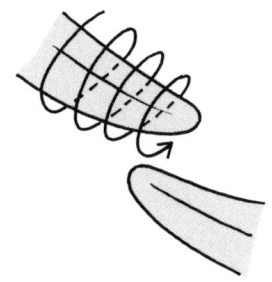

그림 2

한쪽(그림의 오른쪽)만 회전하는 경우 파트너의 혀끝에서 혀 뿌리까지 뱅글뱅글 회전하는 혀끝을 이동시키며 구석구석 자극한다.

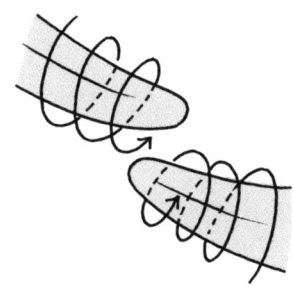

그림 3

서로 나선 운동을 하는 경우. 한쪽이 '오른쪽 말기'라면 다른 한쪽은 '왼쪽 말기'를 하여 회전방향을 달리 한다.

여자는 사랑하든지 아니면 증오한다.
그녀는 중용을 모른다.

-사일러스

진공 펌프처럼
강력하게 흡입하여
상대의 혀를 빨아내자

입술을 빈틈없이 딱 맞게 겹치면서 강하게 호흡을 들이마셔 파트너의 혀를 빨아낸다.

순서는 ①정면으로 마주하고, ②눈을 감으면서 고개를 기울이고 얼굴을 가까이 한다. 동시에 입을 벌려준다. ③얼굴끼리 충분히 접근한 상태에서 거리가 가까워지면 입술을 겹쳐 ④딱 맞게 혀를 맞추어 틈새를 없애고, ⑤리드하는 쪽이 강하게 숨을 들이마셔 파트너의 혀를 빨아낸다. 받는 쪽의 혀가 리드하는 쪽의 입안으로 빨려 들어가면 성공.

①~④는 〈밀폐 키스〉의 흐름과 동일. 즉, 벌린 입의 형태는 마름모꼴로 고개의 기울기는 한 사람당 45도로 입술이 직선으로 교차하도록 겹쳐준다. ⑤에서 숨을 들이마실 때 리드하는 쪽은 혀를 '안쪽 접기 = 가운데 접기' 상태로 해서 (단면을 V자로 하는 이미지로 오므린다) 받는 쪽의 혀 아래쪽에 찔러 넣으면 보다 부드럽게 빨아낼 수 있다. 리드 받는 쪽 즉, 빨리는 쪽은 혀에 힘을 주지 말 것. 힘을 주고 있으면 파트너가 빨아내는 데 힘이 들기 때문에 차라리 의식적으로 힘을 빼고 있는 것이 좋다.

빨아들이는 동작 자체는 불과 2~3초로 한순간에 끝나버린다. 이후 다른 기술로 옮겨서 진행하는 것도 좋지만 '빨아들이기'를 메인으로 즐기고 싶다면, 빨아들인 다음 파트너의 입안에 혀끝으로 되밀고 다시 빨아내는 '빨아내고 → 되돌리기'를 한 세트로 묶어 몇 번이든 반복해도 좋다.

혀를 부드럽게 빨아내기 위해서는 입술끼리 빈틈없이 딱 맞춰 밀착해두는 것이 기본이지만, 오히려 틈을 열어 둔 상태에서 진행하는 것도 또 하나의 방법이다. 틈새가 열려 있으면 '쪼오옥~'하는 소리가 나는데, 커플들에게는 이런 소리가 야성미를 불러일으키거나 은밀한 분위기를 연출하는 '재료'가 되기도 하기 때문이다. 상급자는 꼭 틈새가 있는 키스도 시험해보기 바란다.

그림 1
〈밀폐 키스〉의 자세로, 입술끼리 빈틈없이 딱 맞게 밀착.

그림 2

입술끼리 밀착한 상태에서 강하게 숨을 들이마셔 리드하는 쪽이 파트너
의 혀를 빨아들인다.

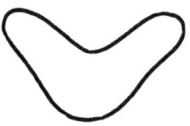

그림 3

리드 받는 쪽의 혀 아래쪽에 리드하는 사람이 혀를 찔러 넣으면 보다 부
드럽게 빨아낼 수 있다. 이때 끼워 넣은 혀는 단면이 V자가 되는 이미
지로 하여 '안쪽 접기 = V자 접기'로 해두면 가장 좋다.

남자는 그 눈짓으로 욕정을 일으키고
여자는 그 눈짓으로 몸을 맡긴다.

-알퐁스 칼

kiss

얼굴을 상하 거꾸로 하여
완전 밀착

영화 '스파이더맨'의 두 주인공이 나눴던 키스로, 서로의 얼굴을 상하를 거꾸로 한 상태에서 입술을 겹쳐주는 키스. 혀의 표면과 표면을 딱 맞춰 전면을 밀착시키는 것이 가능하고, 다른 키스 법에서는 찾아볼 수 없는 점막 밀착을 보여준다. 혀 표면 특유의 까칠까칠한 느낌을 듬뿍 맛볼 수 있다.

당연한 이야기지만 이 키스는 보통 서거나 앉아서 하는 '정면으로 마주보기' 상태에서는 불가능하다. 한쪽이 앉아 있는 파트너의 등 뒤에 서서 파트너의 머리 바로 위에서 얼굴을 들여다보듯 머리를 아래로 내려서 향하게 하거나, 혹은 서로의 얼굴이 상하 거꾸로 되도록 옆으로 누워 얼굴끼리 겹치게 된다. 그리하여 ①서로 얼굴을 상하 거꾸로 한 상태에서 정면으로 하고, ②입을 벌리고, ③혀를 밀어 넣고, ④혀의 표면끼리 밀착시킨다.

③에서 혀를 끼워 넣을 때에 혀 표면 전체를 딱 맞게 밀착시키기 위해서는 서로 혀의 형태를 될 수 있는 한 평평하게 해두어야 한다. 접촉한 혀의 표면이 넓으면 넓을수록, 또 딱 맞춰 틈새 없이 밀착할수록 혀의 까칠까칠한 느낌을 확실히 느낄 수 있다. ④에서 혀를 밀착시켰다면 혀를 전후로 움직여 비비면 까칠까칠한 느낌은 더욱 뚜렷해진다. 물론 이때 혀는 움직일 때에도 되도록 평평한 상태를 유지한다.

혀를 움직이는 것 외에도, 쭉 펴서 내민 상태로 힘을 주어 고정시킨 다음 얼굴을 앞뒤로 움직여 혀 표면을 비비는 방법도 있다. 단, 머리를 앞뒤로 움직이는 경우 익숙하지 않으면 거리가 잘 파악되지 않아 이나 코를 부딪히기 쉬우니 주의하자. 딥 키스의 〈도리도리 키스〉에서 머리를 움직이는 것에 익숙해져 있더라도, 이 키스는 얼굴이 위아래가 거꾸로 되어 있으므로 거리감이 그때와는 다르다는 것을 염두에 두어야 한다.

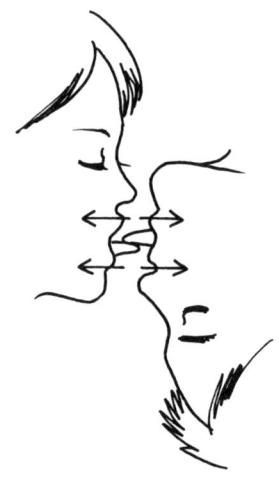

그림 1

얼굴을 상하 거꾸로 겹친 상태에서 혀의 표면과 표면을 비빈다. 너무 깊은 곳까지 혀끝을 찔러 넣으면(두 사람 모두) 숨이 막혀 혀를 받아들일 수 없기 때문에 여기서도 조절이 필요하다.

그림 2

허의 앞면과 앞면을 밀착시켜서 비비는 방법이다. 서로에게 '메롱'하듯
이 허를 아래 방향으로 쭉 내밀어, 그 상태에서 정면으로 마주한 채 혀
를 앞면끼리 맞춰준다. 이 방법에서는 혀를 상당히 길게 내밀어야 하기
때문에, 다른 사람 눈에는 꽤 기이하게 보일 수 있어 사람들 앞에서 하
는 것은 추천하지 않는다.

남자란 여자를 사랑하게 된 날에는
그 여자를 위해서라면 무엇이든 해주지만
단 한 가지 해주지 못하는 것이 있다.
그것은 영원히 사랑해주는 일.

-오스카 와일드

kiss

도톰한 입술과
탱탱한 혀끝의 차이를
즐겨보자

리드하는 쪽이 받는 쪽의 입술을 혀로 할짝할짝 핥는 키스. 핥는 쪽은 혀 표면에서 파트너 입술의 부드러움을 느낄 수 있고, 받는 쪽은 입술 표면에서 파트너의 혀의 탱탱하고 단단함이나 까칠까칠한 느낌을 맛볼 수 있다.

리드하는 쪽이 내민 혀로 받는 쪽의 입술을 자연스럽게 핥아주면 된다. ①정면으로 마주하고, ②얼굴을 가까이 하면서 리드하는 쪽만 혀를 내밀고, ③얼굴끼리 거리가 충분히 좁혀지면 그 상태에서 자연스럽게 리드하는 쪽이 상대방의 입술을 핥아준다. 얼굴은 약간의 거리를 둔 채 즉, 혀와 입술 이외의 부분은 서로 닿지 않고 핥게 되어 리드하는 쪽의 혀끝이나 파트너의 입술 표면에서 이루어지는 플레이에 의식을 집중할 수 있다.

다문 입술의 전면을 할짝할짝 핥는 것도 좋고, 입술의 위아래 중 한쪽만 핥아주는 것도 좋다. 리드하는 쪽이 침이 많은 상태에서 핥으면 촉촉하고 매끄러운 감촉이 되고, 혀가 마른 상태에서 핥으면 입술 표면의 올록볼록한 부분이나 혀의 거칠거칠한 느낌을 확실히 지각하게 되어 마찰감이 높은 키스를 즐길 수 있다. 또 혀끝을 누르는 압력도 강하게 하거나 약하게 하는 변화를 준다. 압력이 강하면 마찰감도 강해지고 가볍게 하면 보다 빠르게 움직일 수 있어 더 매끄러워진다. 어떤 방법을 취하든 리드하는 쪽의 혀끝은 작게 동전을 그리듯 움직이는 것이 기본. 입술에 바른 침을 파트너의 입술에 문질러 스며들게끔 구석구석 핥는다.

리드하는 쪽은 파트너 입술의 옆 방향에서 핥는 방법과, 세로 방향으로 핥는 방법이 있다. 시간을 들여서 차분히 핥

기 위해서는, 거리가 긴만큼 옆으로 향한 자세를 취하는 편
이 유리하며, 이물감 = 핥거나 상대가 핥아주거나 하는 현
실감을 강하게 맛보고 싶다면, 단차가 큰 세로 방향 핥기가
알맞다.

그림 1

입술 전체를 혓바닥으로 핥는 방법에서는 높은 밀착감을 맛볼 수 있다.

그림 2

한 부분을 집중적으로 핥아줄 때, 리드하는 쪽이 허끝에 힘을 주어서
허끝은 뾰족해지고, 접촉 면적은 좁아져 정확한 공격의 효과가 더욱 높
아진다. 이 경우에 공격받는 쪽은 입술을 살짝 벌려도 좋다.

그림 3

소프트 키스 〈와이드 스페이스 키스〉에서 발전된 기술도 있다. 리드 받는 쪽의 자연스럽게 다문 입술 전체를, 리드하는 쪽이 벌린 입으로 푹 덮는다. 이 상태 그대로 리드하는 쪽이 받는 쪽의 입술을 날름날름 핥아준다. 〈와이드 스페이스 키스〉→〈할짝 키스〉→〈샌드위치 키스〉와 같이 전개하면 자연스러운 흐름으로 키스를 깊어지게 할 수 있다.

그대의 것이 아니거든 보지를 말라.
그대의 마음을 흔드는 것이라면 보지를 말라.
그래도 강하게 덤비거든
그 마음을 힘차게 불러일으키라.

-괴테

kiss

끈적끈적, 끈기 있는
촉촉함으로 입술 마찰을
보다 매끄럽게

양쪽이 서로에게 입술을 침으로 끈적하게 적신 다음, 입술끼리 미끄러지게끔 비비는 기술. 소프트 키스인 〈아웃사이드 키스〉의 흠뻑 버전이라고 할 수 있는 키스.

입술을 젖게 하는 방법에는 4종류가 있다.

①두 사람 모두 스스로 자신의 입술을 핥아 본인의 침으로 본인 입술을 적신다.

②한쪽만 스스로 자신의 입술을 핥아 본인의 침으로 본인 입술을 적신다. 이 경우 다른 한쪽의 입술은 마른 상태.

③서로 상대의 입술을 핥아주어 파트너의 침으로 입술

을 적신다.

④한쪽만 파트너에게 입술을 핥게 하여 파트너의 침으로 입술을 적신다. 이때 핥는 쪽의 입술은 마른 상태.

서로가 젖었다면 침의 양은 단순히 생각해도 2배가 되기 때문에 그만큼 '윤활효과'도 높아진다. 한쪽만 적시면 리드하는 쪽과 받는 쪽이라는 주종관계가 자연스럽고 명확해지기 때문에 심리전으로 들어가서 '흥정'을 즐기는 것도 좋다. 또 파트너의 입술을 핥아서 적시는 경우 핥는 쪽은 〈할짝 키스〉의 요령으로 하면 된다.

상급자라면 비비는 사이에 입술을 때때로 일부러 떨어뜨려, 침으로 만들어진 실을 당기는 잔 기술도 끼워 넣어보자. 침을 잔뜩 묻혀 범벅이 되게 한 후 비비면, 입술끼리 약간(5mm부터 2~3cm) 떨어지기만 해도 침이 실을 만들어 당기게 된다. 필요하다면 도중에 침을 '보충'하면서 '범벅이 되게 하고 → 비비고 → 떨어뜨려 실 당기기'를 몇 번이고 반복하면 침의 점도는 높아지고 점차 실의 끈기(점성)도 높아진

다. 이 과정을 진심으로 즐기게 되었다면 그 커플의 마음은

완전히 하나가 되었다고 생각해도 좋다.

그림 1

스스로 입술을 핥아서, 혹은 서로 핥아주어서 입술을 적셨다면,

그림 2

입술끼리 꽉 눌러 압착시킨다.

그림 3

살짝 떨어지면 침이 실을 끌어당긴다.

입술과 혀로 하는 또 다른 키스 : 애무

넓은 의미로 보면, 한 사람이 입술이나 혀를 사용하기만 하면 키스라고 해석할
수도 있다. 입술이나 혀의 접촉에 친숙해지기 쉬운 부위는 위에서부터 순서대
로 나열해보면, 이마, 눈꺼풀, 귀(겉/구멍/안), 귓불, 목덜미, 앞가슴, 유방,
유두, 겨드랑이, 배꼽(구멍/주변), 옆구리가 된다. 하반신도 똑같이 가랑이,
허벅지 표면, 무릎, 뒷무릎, 엉덩이, 엉덩이의 갈라진 곳, 그리고 성기……로
포인트는 다수!

그림 1

귓불부터 목덜미, 계속 이어 앞가슴으로 내려가면서 입술이나 혀를 이동시
키는 것이 자연스럽다. 내려가는 도중에 겨드랑이 아래의 민감한 부분을 건
드려 간지럽게 하는 것도 좋다.

그림 2

몸의 후면도 차분히 진행해보자. 목덜미, 등줄기, 허리 부근 등 민감한 포
인트도 많다.

그림 3)

귀는 표면뿐만 아니라 귓구멍을 혀끝으로 핥거나, 귀 뒤에 입술을 대거나, 귓불을 가볍게 깨무는 등 포인트도 터치하는 방법도 여러 가지이다.

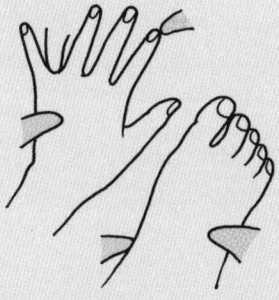

그림 4

손이나 발에도 공격 포인트는 많다. 손가락 끝이나, 손가락 사이사이, 손등이나 발등, 게다가 손바닥과 발바닥의 부위에 따라 느낌도 크게 다르다.

사탕보다 달콤한
키스 스킬

초판 1쇄 인쇄 2013년 12월 16일
초판 1쇄 발행 2013년 12월 23일

지은이 성행동연구회
옮긴이 이 솔
펴낸이 이범상
펴낸곳 (주)비전비엔피·S플레이북

주소 121-894 서울특별시 마포구 잔다리로7길3 12 (서교동)
전화 02)338-2411 **팩스** 02)338-2413
이메일 splaybook@naver.com
홈페이지 www.visionbp.co.kr
트위터 twitter.com/visioncorea

등록번호 제2013-000152호

ISBN 979-11-951470-2-1 (13590)

· 값은 뒤표지에 있습니다.
· 잘못된 책은 구입하신 서점에서 바꿔드립니다.

이 도서의 국립중앙도서관 출판시도서목록(CIP)은 e-CIP홈페이지(http://www.nl.go.kr/ecip)와 국가자료공동목록시스템
(http://www.nl.go.kr/kolisnet)에서 이용하실 수 있습니다.(CIP제어번호: CIP2013027109)